10 食品安全

科普通鉴

丛 书 主 编　李建中

丛书副主编　谈朗玉　李大东　张令朝

本 卷 主 编　余增丽

KEPU TONGJIAN

SHIPIN ANQUAN

中国科学技术出版社

河南科学技术出版社

图书在版编目（CIP）数据

食品安全/余增丽主编．—郑州：河南科学技术出版社，2013.10
（科普通鉴/李建中主编）
ISBN 978-7-5349-6601-9

Ⅰ.①食… Ⅱ.①余… Ⅲ.①食品安全—普及读物 Ⅳ.①TS201.6-49

中国版本图书馆CIP数据核字（2013）第227543号

出版发行：中国科学技术出版社
地址：北京市海淀区中关村南大街16号　邮编：100081
电话：（010）62106522
网址：www.cspbooks.com.cn
河南科学技术出版社
地址：郑州市经五路66号　邮编：450002
电话：（0371）65737028
网址：www.hnstp.cn
策划编辑：李喜婷　冯　英
统筹编辑：尚伟民　蒋云鹏　徐　涛
责任编辑：李迎辉
责任校对：李振方　王晓红　朱江涛　陈花庆
封面设计：赵　钧
版式设计：赵玉霞
责任印制：朱　飞
印　刷：郑州金秋彩色印务有限公司
经　销：全国新华书店
幅面尺寸：185 mm×260 mm　印张：11.5　字数：195千字
版　次：2013年10月第1版　2013年10月第1次印刷
定　价：32.00元

《科普通鉴》丛书

主　编　李建中

副主编　谈朗玉　李大东　张令朝

序

科技是人类智慧的伟大结晶，创新是文明进步的不竭动力。

回首文明历程，是科技之光涤荡了人类历史上蒙昧的阴霾，是科技之火点燃了人类心灵里求知的火焰，是科技之灯照亮了人类发展中光辉的前程。科学技术的每一次重大突破，每一项发明创造的诞生，都使人类对客观世界的认识发生质的飞跃，都使人类改造世界的能力得到革命性的提升。18世纪后的几百年，是科学技术突飞猛进的历史时期。数学、物理、化学、天文学、地学和生物学等各个领域的研究均取得了空前成就，并引发了一次又一次重大理论革命，其中，最具划时代意义的莫过于牛顿力学、相对论和量子力学的创立。与此同时，深刻改变人类生存状态和生产、生活方式的发明创造也纷纷问世。在不计其数的发明、发现中，蒸汽机、电话、火车、汽车、医用X光片、青霉素、DNA双螺旋结构、火箭、阿波罗10号太空舱、计算机等无疑是改变世界的重大发明、发现与创造。

放眼新的世纪，科技已经成为推动经济社会快速发展的主导力量和创造社会财富的主要源泉，成为国家间、区域间竞争的核心和推动未来发展的决定性力量。为了在竞争中取得优势地位，各国、各地区，特别是发达国家及地区都高度重视科技创新和发展。在此背景下，全球创新浪潮此起彼伏，科技发展日新月异，创新成果大量涌现。人类基因组序列图完成、细胞重新编程技术、人类最早祖先确定、宇宙存在暗物质的猜想被证实、干细胞研究的新进展、纳米技术研究的新突破、欧洲强子对撞机启动、人类探测器创最远纪录和七大数学难题之一——庞加莱猜想被证明等被认为是近十年来取得的最具科学价值，并可能对人类生存与发展产生重大影响的重大科技成就。

在人类文明的历史长河中，科学技术虽然得到了空前发展，取得了辉煌成就，但在前进的道路上依然有无数难题等待我们去破解，众多未知世界等待我们去认识。随着人口数量的急剧增加，自然资源的逐渐枯竭和生态环境的日益恶化，人类正面临前所未有的生存挑战和危机。毫无疑问，应对挑战、解决危机，只有依靠科技的不断创新与发展。在可以预见的未来，为了拓展生存空间，提高生存质量，必将掀起一场以信息科技革命为先导、新材料科技为基础、生命科技为核心、新能源科技为动力、海洋科技和航天科技为内拓和外延的新的科技创新浪潮。伴随新一轮科技创新浪潮的到来，新的发明创造也必将与日俱增。有科学家预言，未来百年，人体器官克隆再造、灭绝动物复活、战胜癌症、建造星际飞船和太空电梯等梦想可能变为现实。

当前，亿万中华儿女正在为实现中华民族伟大复兴的“中国梦”而努力奋斗。实现这一百年梦想，关键在于弘扬创新精神，增强创新能力，加快创新步伐，让科技之花在创新中萌芽，在创新中成长，在创新中绽放。

发达国家的经验昭示我们，加快科技创新，提高科技水平，既要依靠科技精英们的刻苦攻关，发明创造，也有赖于公民科学素质的普遍提高。有调查显示，我国公民的科学素质水平较发达国家差距甚大，与走中国特色的自主创新之路、建设创新型国家的要求相去甚远。为尽快提升我国公民的科学素质水平，从2006年起我国启动了旨在推动公民科学素质建设的全民科学素质行动计划，希望到2020年，公民科学素质在整体上有大幅度提高，达到世界主要发达国家21世纪初的水平。

科普图书是展示科学技术的重要窗口，是普及科技知识的重要载体，也是传播科技文明的重要途径。国内外都十分重视科普图书的创作出版。在琳琅满目的科普图书作品中，不乏影响深远的精品力作。这些作品为传播科技文明、普及科学知识做出了历史性贡献。时代在进步，科技在发展。紧跟时代步伐，把握科技动态，繁荣科普创作，不断创作出版符合时代特点、反映当代科技发展水平的科普图书精品，不仅是加强公民科学素质建设，提升公民科学素质的迫切要求，也是科技界有识之士的共同心声。

科学技术协会是新中国科普事业的主要开创者和推动者。在开展公民科学素质建设，提高公民科学素质水平的历史进程中，肩负着重要责任和神圣使命。我们组织编写的这部《科普通鉴》丛书既是履行“责任”和“使命”，也是对科技界有识之士呼声的积极响应。

20世纪中叶以来，科学技术进入了多科交叉、互为渗透、综合发展的历史时期，形成了学科林立、知识纷繁的新格局。面对浩如烟海的科学世界，如何确定这部书的编写原则和选题范围是应当首先解决的问题。经与有关专家学者反复研究论证，我们确定了“通览科技文明，鉴取创新精粹”的编写原则，并确定从理、工、农、医和高新科技五大领域中选取26个公众关注度较高的热点选题，按26卷组织编写这部丛书。

面向具有中等以上文化程度的青少年、农民、城镇劳动者、城市社区居民、领导干部和公务员等重点人群，弘扬科学精神，传播科学思想，倡导科学方法，普及科学知识是编写本书的出发点和根本目的。考虑到读者对象年龄、职业、身份的多样性和对知识需求的差异性，本书着重介绍具有基础性、通用性、新颖性和前瞻性的知识，读者可以根据自己的需求或兴趣进行阅读；在阐述方法上尽可能做到重点突出，脉络清晰，尽可能融入人文精神，体现人文情怀，避免科技知识的简单介绍和罗列；在语言风格上力求文笔流畅，深入浅出，生动活泼，雅俗共赏，以达引人入胜的效果。

选择高水平的主编是编好这部丛书的关键。为此，我们发挥科学技术协会学会众多，学科齐全，人才荟萃，联系广泛的优势，面向省内外征集各卷主编候选人。最后经全面比较，优中选优，确定了各卷主编人选，为本书的编写出版奠定了坚实基础。在此我们谨向为本书主编遴选、编写、出版给予大力支持的河南省医学会、气象学会、农学会、地理学会、地震学会、地质学会、机械工程学会、反邪教协会和省气象局、郑州大学、河南大学、河南农业大学、河南工业大学、河南科技大学、河南中医学院、河南科技学院、河南轻工业学院、《太空探索》杂志社、河南科技报社、河南科技活动中心、中国科学技术出版社、河南科学技术出版社等学（协）会和单位表示诚挚的感谢！

作为一部多达26卷的大型科普丛书，其涉及领域广，学科多。在内容上为了尽可能避免交叉重复或矛盾冲突，在体例和语言风格上为了尽可能保持相对统一，我们制订了较为详细的编写方案，对各卷的内容范围和全书的体例风格做了必要界定和规范。但是，由于我们学识水平有限，统筹协调不够，编写时间仓促，加之一些担任主编的同志是首次承担科普类作品的编写任务，缺乏相应经验，所以，虽然付出了大量心血，个别卷仍然存在内容取舍不够得当，语言风格不够生动活泼等问题。这些缺憾，我们将在再版重印时加以修订改进。诚恳希望广大读者对本丛书的修订改进提出宝贵意见和建议，以便再版时提高质量。

河南省科学技术协会主席、党组书记　李建中

2013年6月

目　录

引　言

人类生存、生长、繁衍后代，以及从事一切活动的物质基础，都有赖于食品。国际食品法典委员会（CAC）是由联合国粮食及农业组织（FAO）和世界卫生组织（WHO）共同建立，以保障消费者的健康和确保食品贸易公平为宗旨的一个制定国际食品标准的政府间组织。该组织对食品的定义是这样的："任何加工、半加工或未经加工供人类食用的物质，包括食用农产品、饮料、口香糖及生产、制作或处理食品时所用的任何物质，如食品添加剂，但不包括化妆品、烟草或只作为药物使用的物质。"《中华人民共和国食品卫生法》对食品的定义是："各种供人食用或者饮用的成品和原料以及按照传统既是食品又是药品的物品，但是不包括以治疗为目的的物品。"可以看出，这些概念都有一个共同特点，就是食品是供人食用的物品，是"入口"的物质，但是"入口"的又并非都是食品。

"民以食为天，食以安为先。"食品的第一要义是满足生理需求，但是，当食品数量满足人体需要后，食品安全问题就位移到第一了。世界各国都将食品安全纳入国家公共卫生事务管理的职能之中，运用科学技术、道德规范、法律规范等手段，来保证食品安全。这可以从权威机构对食品安全的诠释变化中明确反映出来。

1983 年，联合国粮食及农业组织世界粮食安全委员会对食品安全的定义是这样的："食品安全的最终目标是，确保所有人在任何时候既能买得到又能买得起他们所需要的基本食品。"到了 1996 年，定义则演变为："食品按其原定用途进行制作和食用时，不会使消费者健康受到损害。”目前，《中华人民共和国食品安全法》对食品安全的基本要求规定为：“食品无毒、无害，符合应当有的营养要求，对人体健康不造成任何急性、亚急性或慢性危害。”2003 年，FAO 和 WHO 将食品安全定义为：“所有那些有害于消费者健康的危害，无论是慢性的还是急性的都不存在。”

由定义演变可以看出，对于食品安全，这些释义的共同点和本质都是关注食品与人类健康的关系。应该特别强调的是，“食品安全”与“食品质量”是两个不同的概念。食品安全指的是所有对人体健康造成急性或慢性损害的危险都不存在，是一个绝对概念，是不可协商的。食品质量则包括所有影响产品对于消费者价值的其他特征，这既包括负面的价值，例如腐败、污染、变色、发臭；也包括正面的特征，例如色、香、味、质地以及加工方法。食品安全与食品质量的这种区别对公共政策有指引作用，并影响着为实现国家的既定目标而设立的食品控制体系的本质和内容。

1 食品添加剂

一说起食品添加剂，首先映入人们脑海的往往是防腐剂、着色剂、增稠剂等，食品添加剂似乎成了过街老鼠，人人厌恶！但其实食品添加剂本身真是蒙冤太深，承受了太多本不应该由它承担的错！首先，食品添加剂的使用在我国有着悠久的历史；其次，现代科技助力食品添加剂，可以让食品添加剂的使用更安全、更合理。

1.1 食品添加剂不是魔鬼

1.1.1 食品添加剂的历史

食品添加剂的添加和使用不是现代人的首创。早在东汉时期，我国人民就有了使用盐卤当凝固剂制作豆腐的经验和技术；“一矾二碱三盐”做出来的油条也是早就出现在古人餐桌上的美味佳肴；亚硝酸盐大概在800年前的南宋就开始用于生产腊肉。公元前1500年，埃及人用食用着色剂为糖果着色；公元前4世纪，人们开始为葡萄酒人工着色。上千年的食用历史证明，合理使用食品添加剂对人体健康并没有影响。有研究表明，亚硝酸盐可以致癌，原因是亚硝酸盐会与蛋白质中的氨反应，生成具有致癌作用的亚硝胺。但我国四川人民有制作和食用腊肉的悠久历史，可至今也没有研究证明四川地区癌症高发。历史用事实告诉我们，食品添加剂并非一定有害！

1.1.2 食品添加剂的科学研究

在我国，食品添加剂的生产、销售和使用要遵守一系列的法律法规，包括《中华人民共和国食品安全法》《食品添加剂使用标准》《食品添加剂生产管理办法》《食品添加剂卫生管理办法》《食品添加剂生产企业卫生规范》等。这些法律法规的制定，均是以科学研究为基础的。例如，联合国粮食及农业组织和世界卫生组织食品添加剂联合专家委员会（JECFA）对日落黄的安全性进行评估后提出，日落黄（着色剂，通常用于橙汁、面包等的生产）可接受的每日摄入量为0～2.5毫克/千克，那么体重为60千克的人，每天的摄入量不应超过150毫克。我国的《食品添加剂使用标准》中规定，固体饮料类食品中日落黄的最大使用量为0.6克/千克，那么150毫克相当于0.25千克固体橙汁中日落黄的含量，显然一般人一天是饮用不了这么多的固体橙汁的。同时，JECFA在制定每日摄入量时也考虑到了一般人群每日生活中可能从其他途径摄入的日落黄，因此，按规定使用食品添加剂不会引起中毒或其他慢性危害。

那么JECFA是根据什么制定日落黄的每日安全摄入量的呢？答案是科学研究基础。科研人员首先给实验动物饲喂一定剂量的日落黄，这个剂量通常较高，观察可以致一半动物死亡的剂量是多少，这就是通常所说的半数致死量，也即急性毒性试验。然后再进行遗传毒性试验、传统致畸试验、短期喂养试验，评价该物质的亚慢性毒性，根据这三个阶段的毒性试验结果，最后决定是否进行90天喂养试验、繁殖试验、代谢试验。通过这些研究，最终全面评价一种物质的安全性。作为人们一日三餐的食品中使用的物质，其安全性更是人们关注的重点，因此，目前允许使用的食品添加剂，均经过上述严格的试验程序，在可信的数据基础上，专家通过讨论会的形式，考虑人和动物的区别等一系列的安全系数，最后制定出人类的每日安全摄入量。而食品中允许的最大添加量，通常远低于每日安全摄入量，因此，按规定合法使用食品添加剂基本不会对人体健康产生危害。

1.2　食品添加剂的作用

食品添加剂是现代食品工业的灵魂，没有食品添加剂就没有现代食品工业。每人每天几乎摄入十几至几十种食品添加剂。目前国际上使用的食品添加剂种类已达2万余种，其中直接使用的约5 000余种，常用的约1 000种。日本“食品添加剂之神”安部司曾计算：一个人每天摄取添加剂大约10克，一年约4 000克，与人均每天食盐的摄入量大体相当。

食品添加剂是为改善食品品质和色、香、味，以及因防腐、保鲜和加工工艺的需要而加入食品中的人工合成的或天然的物质。为了规范和管理食品添加剂在食品中的安全使用，我国专门颁布了 GB 2760—2011《食品添加剂使用标准》。我国批准使用的食品添加剂按照功能可分为酸度调节剂、抗结剂、消泡剂、抗氧化剂、漂白剂、膨松剂、胶基糖果中基础剂物质、着色剂、护色剂、乳化剂、酶制剂、增味剂、面粉处理剂、被膜剂、水分保持剂、营养强化剂、防腐剂、稳定剂和凝固剂、甜味剂、增稠剂、其他等 23 类。我国对食品添加剂使用标准做了详细的规定，不在此标准名录中的食品添加剂即是不合法的。

从上述食品添加剂的功能分类，我们就可大致看出食品添加剂在食品中扮演的角色及所起的作用了。

1.2.1 改善食品的色香味

中国人在形容一道菜或某种食品好的时候，往往爱说“色、香、味俱全”，为了达到色、香、味俱全的目的，厨师及食品的生产者和研发者就开始绞尽脑汁希望迎合消费者的需求，食品添加剂就有了市场。例如肉制品在加工过程中，为了保持肉类鲜红的色泽，往往要添加护色剂，护色剂本身没有颜色，但它可以与肉中的某些成分反应，使肉制品呈现良好的色泽。我国允许使用的护色剂中，最常用的是硝酸钠、硝酸钾、亚硝酸钠和亚硝酸钾。味精是烹制美味佳肴不可或缺的明星，它也属于食品添加剂——增味剂，增味剂的使用是为了补充或增强食品原有的风味。例如在素食餐厅，他们使用的加工原料都是植物来源，但通过调味、调色，也可以做出“以假乱真”的“肉”来，既减少了肉类脂肪的摄入，又满足了“舌”对味的需求，既有利健康，又增添了生活情趣。

1.2.2 利于食品保存

防腐剂就具有这种作用，常用的防腐剂包括苯甲酸、山梨酸、对羟基苯甲酸酯等。防腐剂可以延长食品的保存期，使加工食品可以长时间携带而不会腐败变质，从而保护消费者的健康。粮食最容易受霉菌的污染，在日本曾发生过大米因青霉菌污染（大米呈现黄色）而导致大量食用者中毒的事件，我国也曾发生过多起因食用赤霉菌污染的面制品而中毒的事件。全世界每年至少有2%的粮食因发霉而不能食用，造成巨大浪费。有研究表明，如果在1吨大米中添加75克双乙酸钠，则霉菌的数量可以减少3/4。双乙酸钠是我国唯一允许在大米中使用的防腐剂，最大允许使用量为200克/吨。

夏秋季节最容易发生细菌性食物中毒，细菌生长繁殖的速度极快。有些细菌污染食物并大量繁殖后食物会出现异味或颜色发生变化，这样的食物很容易被识别出来；但有些细菌污染食物并大量繁殖后，食物并不因此而出现颜色或气味的变化，这种情况下，进食者就有可能误食而发生食物中毒。

而防腐剂在抑制细菌生长方面有独特作用。试想一下，如果糕点里不加防腐剂，出门旅游时如何能带上它走南闯北？如果海南生产的水果表面不使用防腐保鲜剂，它如何能千里迢迢进入北方人的口中？恐怕我们还没吃上，就已经被细菌吃了，这些长了细菌的食物被人吃了以后，细菌就很有可能在肠道里作怪！

1.2.3 保持或提高食品的营养价值

在我们国家，营养强化剂属于食品添加剂，营养强化剂的使用可以提高食品的营养价值。常用的营养强化剂包括维生素、矿物元素和必需氨基酸等营养素类，以及大豆蛋白粉、乳清蛋白粉等蛋白质类。营养强化剂可以改善天然食物的缺陷，例如牛奶中铁和维生素D的含量通常较低，因此在乳制品中往往添加这两种营养素，以提高乳制品的营养价值。

1.2.4 增加食品的品种

着色剂就具有这种作用，它常应用于糖果等食品，可生产出五彩缤纷的各种糖豆小食品；还有胶姆糖基础剂，有了它就有了各色的口香糖。

1.2.5 适应食品现代化生产

在饮料制作过程中，为了工艺需要加入消泡剂，减少泡沫的产生，使食品加工更加方便。消泡剂的作用是消除表面张力，使加工过程变得容易。

1.2.6 满足其他特殊需要

为了防止食盐颗粒聚集结块，在食盐生产中会添加抗结块剂。如果食盐中不添加抗结块剂，我们的厨房里恐怕要备一只榔头，每次吃盐的时候，得用它把结了块的食盐敲碎，然后才能使用。

1.3 食品添加剂的使用范围和剂量

我国的《食品添加剂使用标准》是强制性标准，每一个生产者和使用者均必须遵守。标准不仅规定了食品添加剂的名称，而且还规定了每一种食品添加剂的使用范围和剂量。也就是说，某一种食品添加剂只能在某些食品中使用，而且使用量不能超标。

表 1－1 食品添加剂使用标准中关于“桑葚红”的内容

桑葚红 mulberry red

CNS 号 08.129 INS 号 －

功能 着色剂

食品分类号	食品名称	最大使用量（克/千克）	备注
04.01.02.08.06	果糕类	5.0	
05.02	糖果	2.0	
14.02.03	果蔬汁（肉）饮料（包括发酵型产品等）	1.5	固体饮料按稀释倍数增加使用量
14.04.02.02	风味饮料（包括果味饮料、乳味、茶味、咖啡味及其他味饮料等）仅限果味饮料	1.5	固体饮料按稀释倍数增加使用量
15.03.03	果酒	1.5	
16.01	果冻	5.0	如用于果冻粉，按冲调倍数增加使用量

表 1－1 是标准中关于着色剂“桑葚红”的内容，第一列是食品分类号，也就

是每一类食品按照一定方式的编号；第二列是食品名称，这些食品名称是消费者都能看明白的，这一列还有一层隐藏的意思，即只能在这些食品中添加桑葚红，如果有企业用桑葚红生产五彩面条，那就属于违法，属于超范围使用食品添加剂；第三列是最大使用量，例如用桑葚红生产果冻，那么1千克果冻中最多只能加入5克的桑葚红，如果超过5克，也属于违法。超范围和超量使用食品添加剂都属于食品添加剂滥用，是不允许的。沸沸扬扬的“染色馒头事件”，就是典型的食品添加剂滥用事件，虽然生产者使用的都是标准中出现的食品添加剂，但标准没有说明可以用在馒头的制作中，而且该生产者以染色馒头冒充玉米面馒头，其行为不仅属于食品添加剂滥用，而且其产品也属于假冒伪劣产品，属欺诈行为!

1.4 食品添加剂的使用要求

如上所述，食品添加剂使用要注意使用范围和使用量，除此之外，还要符合以下一些基本的使用要求。

1.4.1 不应对人体产生任何健康危害

所有已经批准公布的食品添加剂，其安全性已经比较明确，按照规定的使用范围和剂量使用，一般不会对消费者的健康造成危害，因此可以放心使用，消费者也可以放心食用，不要存在心理上的负担。

如果有研究者或企业发现了一种新的更适合添加于食品中、可以与现有食品添加剂相媲美的物质时，必须向有关单位提供所有的安全性证明材料及其他所要求提供的资料，相关部门会组织专家进行讨论和研究，最终决定是否批准其为食品添加剂，在得到批准以前，该物质是不能作为食品添加剂使用的。

1.4.2 不应掩盖食品的腐败变质、质量缺陷或以掺杂、掺假、伪造为目的使用食品添加剂

虽然使用食品添加剂的目的包括改善和提高食品的品质和色、香、味，但不允许用它来掩盖食品本身或加工过程中的质量缺陷，更不能用其掩盖食品的腐败

变质。例如有的食品腐败变质后会发生颜色和气味的改变，生产者决不能利用食品添加剂来改善颜色和气味，以掩盖腐败变质的事实！也不能以掺杂造假为目的使用食品添加剂，例如之前提到的“染色馒头”事件，居然使用染了黄色的白面馒头当作没有添加一点玉米面的玉米馒头销售，这是对法规标准的践踏，对食品添加剂的侮辱！

1.4.3 不应降低食品本身的营养价值

食品添加剂的使用不能降低食品本身的营养价值，这是对食品本身属性的保护，也是消费者的基本需求。如果因为食品添加剂的使用，食品本身的营养价值降低或者丧失，那么消费者一定是不愿意的。

1.4.4 在达到预期目的前提下尽可能降低使用量

这一条原则是对使用者的道德要求，相关法律和标准是对使用者的最低要求，即不能超过规定的标准；但食品添加剂毕竟是外源的非食品本身的化学物质，其安全性是基于人们现在的认识评价的，因此，能少用还是要少用。食品添加剂的使用目的如前所述，使用者应该在达到目的的条件下，尽量减少食品添加剂的使用量，甚至不用。例如老抽中允许添加的食品添加剂包括焦糖色、酸枣色、乳酸链球菌素、山梨酸钾、三氯蔗糖、安赛蜜等，这些添加剂的作用为着色、抑菌或调味。如果产品的原料来源优良，发酵工艺控制良好，酿造出的酱油本身的香味和鲜味已比较突出，在好吃的同时已有其应有的颜色和味道，那么这些食品添加就应该少用或者不用！

1.5 食品添加剂的安全摄入量

一种食品添加剂，往往允许添加到多种食品中，例如，可以使用日落黄的食品包括：果汁饮料、碳酸饮料、配制酒、糖果、西瓜酱罐头、青梅、乳酸菌饮料、植物蛋白饮料、虾（味）片等35种，允许添加量最高的是固体饮料类食品，为0.6克/千克，最低的是谷类和淀粉类甜品（如米布丁、木薯布丁），为

0.025 克/千克。JECFA 对日落黄制定的每日安全摄入量为 0～2.5 毫克/千克，充分考虑了一般人群每天对各类食品的食用量；同时，JECFA 在制定每日安全摄入量时也考虑到了一般人群每日生活中可能从其他途径摄入的日落黄，因此，按规定使用食品添加剂不会引起累积中毒的现象。

我国食品添加剂使用标准规定，同一功能的食品添加剂在混合使用时，各自用量占其最大使用量的比例之和不能超过 1，这从另一个方面保证了添加剂的安全性。例如，糖精钠、安赛蜜、甜蜜素均属于甜味剂，三者在果酱中的最大使用量分别为 0.2 克/千克，0.3 克/千克和 1.0 克/千克，如果果酱中同时添加这三种，1 千克果酱中三者各自的添加量分别为 0.1 克，0.03 克和 0.5 克，占各自最大使用量的百分比分别为 0.5，0.1 和 0.5，三者之和为 1.1，则不符合规定。所以，即使一种食品中添加了多种食品添加剂，如果按规定使用的话，也是不会对健康造成危害的。

对于暴饮暴食者和偏食者，如果嗜好一种加工食品且每天大量食用，则有可能导致食品添加剂摄入过多（超过 JECFA 提出的每日安全摄入量）的问题，所以，倡导大家平衡膳食，多选择天然食物，减少加工食品的摄入，减少外出就餐次数，就能够在一定程度上减少食品添加剂的摄入量。

1.6 食品添加剂的误区

1.6.1 食品添加剂不能化腐朽为神奇

食品添加剂的使用原则中有一条是“不应掩盖食品的腐败变质”，在此我们还是要强调应正确认识食品添加剂的基本功能和添加目的，生产者和消费者均应该清楚食品添加剂不是魔鬼，但也绝对不是天使，不能化腐朽为神奇。生产者如果想提高食品吸引力，赢得消费者的青睐，就应该在原料、工艺和服务等方面下功夫，而不是走捷径把食品添加剂当成神仙。食品中使用食品添加剂应是“锦上添花”，即在产品质优、安全的基础上，借助食品添加剂增加花色品种，增加生产、携带的便利性，延长保质储存期等；食品添加剂不应是“雪中送炭”，如果产品生产过程不卫生，细菌超标，是不能单靠添加防腐剂来抑制细菌的，必须在细菌含量符合国家标准的基础上按规定使用防腐剂，才能达到抑菌、防腐和延长保存期的目的。

1.6.2 天然的未必就是安全的

根据来源，食品添加剂可分为天然食品添加剂和人工合成的食品添加剂。例如我国允许使用的着色剂中，苋菜红、胭脂红、赤藓红、新红、柠檬黄、日落黄、靛蓝、亮蓝属于人工合成的着色剂，而我国允许使用的天然着色剂有45种之多，包括甜菜红、紫胶红、越橘红、辣椒红、红米红等。这两类着色剂各有优缺点，合成的着色剂溶解性好、稳定性强、而天然着色剂通常溶解性不好、稳定性差；天然着色剂通常来源于天然动、植物，因此其安全性要优于人工合成着色剂，所以在日常生活中，我们可以利用有颜色的蔬菜汁和面制作各色水饺，既丰富了饮食又避免了摄入人工着色剂。

但是，不要迷信“天然的就是安全的”的说法。虽然大多数天然来源的食品添加剂几乎没有毒性或毒性很小，比如我国规定在食品中使用时，天然来源的食品着色剂例如红曲红、黑加仑红等可以按生产需要适量添加。但也有一些天然食品添加剂有严格的用量控制，例如从西红柿中提取的西红柿红和合成的西红柿红素，二者均为着色剂，其在饮料类食品中的最大添加量为分别为0.006克/千克和0.015克/千克。

所有食品添加剂在被批准使用之前均要经过严格的评估过程，在尽可能保护消费者健康的情况下才被批准，因此不管是天然的还是人工合成的，消费者均可以放心食用。

1.7 培养良好的生活习惯

1.7.1 平衡膳食

平衡膳食的主要内涵是食物多样化，尽可能选择天然食物。天然食物不含食品添加剂，加工食品则很有可能添加了食品添加剂。例如苹果不含食品添加剂，但市售盒装或塑料瓶装的苹果汁中则添加了蔗糖、酸味剂、防腐剂等。因此，多选择新鲜的天然食物，即可减少食品添加剂的摄入。

1.7.2 科学选择零食

儿童都爱好吃零食，合理选择零食，则可以使其成为儿童一日三餐之外的有益补充。零食选择得当，可以减少儿童食品添加剂的摄入量。食品添加剂通常添加在营养素含量低的食品中，例如碳酸饮料、各种糖果、饼干、冷饮、薯片类等，食品添加剂往往含量较高且不止一种。而坚果类、乳类食品添加剂含量相对较少。因此，合理、科学地选择零食，就能减少添加剂的摄入量。

1.7.3 减少外出就餐

随着食品工业的发展和消费者对餐饮质量要求的提高，餐馆也越来越多地使用食品添加剂，以改善滋味、色泽和口感，例如肉汤中添加增味剂、冷盘中使用着色剂等。减少外出就餐，同时家庭制作食物时尽量不用或少用食品添加剂，就能有效减少添加剂的摄入。

食品添加剂让我们的食品更加丰富多“彩”，色、香、味更加突出；食品添加剂让我们的食品少长细菌而更安全。按要求规范使用食品添加剂不会造成危害，当然，这需要生产者、使用者、消费者和相关部门共同努力。生产者生产安全合格的产品，使用者合理合法使用，消费者聪明选择，相关部门严格管理，这样才能使食品添加剂发挥更好的功用。

2　滥添与伪造

从《中华人民共和国食品安全法》到各种国家标准和行业标准，从国务院食品安全委员会到农业部农产品质量安全监管局、卫生部卫生监督中心、工商行政管理总局、国家质量监督检疫总局、国家食品药品监管管理总局等部门，即使在这重重的法规和监管之下，食品安全事件依然层出不穷：毒大米事件、苏丹红事件、染色馒头事件、三聚氰胺奶粉事件……这些跌破了道德底线的添加与伪造，以其短视的目光和追求蝇头小利的猥琐，在践踏法律尊严的同时，也在考验着消费者的承受力。对此种行为，消费者应睁大眼睛，毫不留情地进行监督和举报，只能是“零容忍”。只有大家的食品安全意识都提高了，这种现象才会逐渐消失。

2.1　“整容”大米

我国是世界最大的大米消费国。随着城市居民主食种类从小麦向大米的转变，人们对大米的品质也越来越重视。2007 年 7 月，中粮集团代理进口了两种日本大米，品种分别是日本新潟县产的“越光”和宫城县产的“一见钟情”。这是一次让见多识广的媒体记者都大感惊讶的销售，原因在于“越光”零售价为每袋（2 千克）198 元，“一见钟情”为每袋（2 千克）188 元，分别折合每千克 99 元和 94 元，相当于国产大米定价的 10 ~30 倍。面对来势汹汹的进口天价大米，人们不由得开始思索，为什么大米的价格会差别这么大？到底什么样的大米才是好大米？

中国古代就有用“晶莹剔透、软筋香甜”来形容优质大米的品质。所谓“晶莹剔透”其实反映的是大米的加工精度，也就是指大米背沟和粒面留皮的程度。我们在挑选大米时，可以仔细观察一下米粒颜色，如果发现表面呈灰粉状或有白道沟纹的话，就说明这米不够新鲜，可能是陈化米，沟纹越多说明大米储存时间越久。而“软筋香甜”则说的是大米的食味。食味不仅能在感官上给人愉悦感，而且也直接影响着食者对大米的消化和吸收。“软”“筋”分别表示了大米制成米饭后的硬度和黏度，反映出米饭的弹性和可咀嚼性。现代食品科学研究中常用米饭的硬度与黏度的比值来反映米饭的食味，一般情况下此比值越大食味越好。“香”“甜”的大米食味主要与大米的化学成分密切相关，如大米的蛋白质、脂类、淀粉，氨基酸中的丙氨酸、谷氨酸、异亮氨酸、苏氨酸，脂肪酸中的油酸、棕榈酸、亚油酸、硬脂酸、亚麻酸等的含量和比例。

2.1.1 大米“整容”手段多

消费者在购买大米的时候，一般主要是从外观上来选择，喜欢购买色泽透明白净的大米，认为这样的米才是好大米。可是在市场上，一些大米外观上看起来像新米、优质大米，买回家后一尝却没有新米的清香，经食品专家检验发现，这种大米竟然是被不法商贩“整容”过的大米！

说起“整容”大米，就不得不先谈谈陈化米。储存时间、温度、水分和氧气是影响大米陈化的主要因素，另外大米品种、加工精度、糠粉含量以及虫霉危害也与大米陈化有密切关系。大米陈化速度与储存时间成正比，储存时间愈长，陈化愈重；水分大，温度高，加工精度差，糠粉多，大米陈化速度就快。

大米经过长时间的储存后，由于温度、水分等的影响，大米中的淀粉、脂肪、蛋白质、维生素和酶等会发生各种变化，使大米失去原有的色、香、味，营养成分丧失，食用品质下降；还有可能滋生大量的细菌、霉菌、谷蠹、螨虫等，甚至产生有毒、有害物质，如黄曲霉毒素等。黄曲霉毒素是一种有很强致癌性的剧毒物质，其毒性是氰化钾的10倍，是砒霜的68倍。因此，陈化米的销售受到严格限制，不允许流入口粮市场，只能用于酒精制造和饲料再加工。但是，由于陈化米价格非常便宜，500克仅仅几毛钱，为新鲜大米价格的1/10左右，所以在暴利的驱动下，一些商贩打起了给陈化米“整容”后当作新鲜大米销售的主意。

给陈化米“整容”的手段多种多样。一般来说，由于病虫害的侵蚀、储藏与处理不当等原因，稻谷固有颜色发生改变，稻谷失去原有的正常光泽而色泽变得灰暗，外观上与新米的差别十分明显。因此有些不法分子把陈化米拉到大米厂进行再加工，用抛光机给陈化米抛光，让陈化米由黄色变成正常大米的颜色。另外，陈化米一般都有霉味，仔细闻一下米的味道也可分辨出来。有些商贩就加入一些香精来掩盖掉这股霉味。陈化米通常没有了米本身的自然油性，有些商贩在给陈化米抛光时加入矿物油增亮。通过再抛光、加香精、加油增亮等“整容”手段，造假者将陈化米改造得光洁、清香、透亮，然后再将这些大米包装出售，堂而皇之地进入我们的口粮市场。

由于香精、工业液体石蜡等的添加，这种“整容”大米的食品安全危害比陈米还要大。液体石蜡是一种矿物油，是从原油分馏中所得到的无色无味的混合物，主要成分是正构烷烃。它一般被分为精制液体石蜡和粗制液体石蜡。精制液体石蜡的相对密度及黏稠度较低，具有低致敏性及不错的封闭性，有阻隔皮肤水分蒸发的作用，所以常在乳液或乳霜等护肤产品中被当作顺滑保湿剂来使用；此外，因为它具有良好的油溶性质，所以也会出现在卸妆油或卸妆乳中。而提纯不好、杂质较高的粗制液体石蜡的化学杂质较多，其中含有的环烷烃、异构烷烃、芳香烃、不饱和烃等有机杂质具有一定的致癌性。添加了液体石蜡的大米用手搓揉后，会有种黏黏的感觉，这样的大米绝对不能购买。

给大米“整容”还有一些“推陈出新”法。由于谷粒要比大米更容易储存，所以一些大米生产商把存放一两年甚至三四年的谷粒加工一下，从外观根本看不出是陈谷加工出来的新米。还有一些商贩把去年、前年的大米重新再碾一遍，这样加工过的大米虽然比原来的大米小了一圈，但不仔细看还是无法辨别出来。当然，通过这种方法“整容”的大米，米粒的胚部会遭到破坏而不再完整，其营养特性和食品安全品质都有所降低。

2.1.2 大米的种类及鉴别

我国约 1/3 人口以大米为主食。消费者通常食用的大米主要包括籼米、粳米和糯米三大类，这三类大米的形状、成分和用途各不相同。

籼米由籼型非糯性稻谷制成，米粒一般呈长椭圆形或细长形。根据籼米的收获季节，分为早籼米和晚籼米两种。早籼米米粒宽厚而较短，呈粉白色，腹白大，粉质多，质地脆弱易碎，黏性小于晚籼米，质量较差。晚籼米米粒细长而稍扁平，组织细密，一般呈透明或半透明，腹白较小，硬质粒多，油性较大，质量较好。

粳米产量远较籼米为低，是用粳型非糯性稻谷碾制成的米，主要产于我国华北、东北和苏南等地，著名的天津小站米、上海白粳米等都是优良的粳米。粳米米粒一般呈椭圆形或圆形，米粒丰满肥厚，横断面近于圆形，长与宽之比小于2，颜色蜡白，呈透明或半透明，质地硬而有韧性，煮后黏性、油性均大，柔软可口，但出饭率低。粳米根据收获季节，分为早粳米和晚粳米。晚粳米呈白色或蜡白色，腹白小，硬质粒多，品质更优。

糯米又称江米，呈乳白色，不透明，煮后透明，黏性大，胀性小，一般不作为主食，多用于制作糕点、粽子、元宵等，以及作为酿酒的原料。

这些多种多样的大米其实鉴别起来并不复杂，我们可以通过“一看、二折、三闻、四尝、五洗”的方式鉴别大米的品质，详见“9.3　粮食类选购”。

2.2　红艳艳的食品

色彩，就其本质来说，不过是波长不同的光线，本无什么“感情”可言。但是，人类生活在这个世界，就靠这些光线，获取了大量的信息。春夏秋冬、风云雨雪、金木水火土、酸甜苦辣咸，这一切变化对人类造成的影响无不通过色彩的记忆在人们心灵的深处留下烙印。所以，当人们看到某种颜色（或色组）时，便不由自主地联想到在生活经历中所遇到过的与此相关的事物及感受，从而引起心理上的共鸣。蓝色青色人们多见于冰天雪地、海洋、天空，所以往往给人以寒冷的感觉；而红、橙、黄是近似火焰的颜色，当人们看到这种颜色时，就容易联想到火的燃烧、太阳的升起、热血、红花等，因此往往在心理上产生一种温暖的感觉。我国传统民俗中，每逢佳节或喜事也通过贴红对联、红喜字、戴红花、挂红灯来表达愉快的心情。

对于食物而言，我们常常用“色香味俱全”来形容，而“色”排在第一位，可见食物的颜色确实能影响我们的感觉，进而影响我们对食物品质的判断。人们在自然界选择食物时，首先是观察食物的颜色，通常会避开蓝色、紫黑色和黑色的食材。这些颜色会让我们下意识地联想到腐烂的肉、发霉的谷物等，因此习惯性地认为这些食物会变质或有害人体健康。红色在可见光谱中光波最长，折射角度小但穿透力强，对视觉的影响力最大，对人的心理能产生巨大的鼓舞作用，也是最能引起食欲的颜色。

现代食品制造过程中，也越来越注重“色、香、味”的相互配合，使人的视觉、嗅觉和味觉同时都获得美的享受。色彩是对消费者的第一刺激信号，其诱惑力的高低直接影响到需求的欲望。然而，天然食物在加工保存过程中容易褪色或变色，且有的食物本身颜色较浅，为了改善食品的色泽，人们常常在加工食品的过程中添加着色剂。

着色剂又称为色素，这类物质本身具有色泽，按其来源和性质可以分为天然着色剂和合成着色剂两大类。目前，我国允许生产和使用的着色剂有 60 余种，其中天然着色剂 40 余种、合成着色剂 20 余种。

天然着色剂是来自天然资源，如植物、微生物、动物等的可食部分，利用一定的加工方法所获得的有机着色剂。天然色素主要有：红曲米、辣椒红、栀子黄、姜黄等，红曲米可用于火腿肠、午餐肉的着色，辣椒红用于饼干喷涂，栀子黄用于方便面着色，姜黄用于酸奶着色等。果蔬中的色素有的还具有很高的营养价值，如胡萝卜素是维生素 A 源，是重要的营养成分。天然着色剂虽然多数比较安全，但个别的也具有毒性，如藤黄有剧毒不能用于食品。天然着色剂在加工制造过程中，也可能被杂质污染或化学结构发生变化而产生毒性。同时，天然着色剂还存在不易溶解，着色不均、难以任意调色，受光照、温度影响较大，酸碱度稳定性差并且成本高等缺点。

合成着色剂主要是用人工合成的方法从煤焦油中制取，或以苯、甲苯、萘等芳香烃化合物为原料合成的有机着色剂，又称为煤焦油着色剂或苯胺着色剂。合成着色剂成本低廉、色泽鲜艳、着色力强、使用方便、可任意调色，在我国现阶段是主要的着色剂。但是合成着色剂不仅没有营养价值，其中不少还对人体有害，主要是轻微毒性、致泻作用，还有致癌可能。因此，合成着色剂的使用受到严格控制。目前世界各国允许使用的合成着色剂几乎多是水溶性色素。

在非洲国家苏丹，有一种草本植物名叫克尔克迪，在阿拉伯语中意为“沙漠中的玫瑰”。将克尔克迪的紫色花瓣晒干，可以煮出来很红的汁，是当地人非常喜爱的一种饮料。19 世纪末，德国化学家从煤焦油中提炼出一种染料，这种染料鲜红的色泽与苏丹的克尔克迪汁很像，因此命名这种染料为“苏丹红”。苏丹红是人类发现的第一种含氮染料，在它之后，化学家陆续发现了 3 000 多种同族染料，包括红色的苏丹红 2 号、棕红色的苏丹红 3 号和深褐色的苏丹红 4 号等。由于成本低廉、颜色鲜艳夺目，这些染料很快就被广泛用于布匹、食品和其他产品的着色。1895 年，一名德国外科医生路德维希·莱恩发现，染色业工人的膀胱癌发病率急剧升高，因此对公众发出了警报。

苏丹红具有偶氮结构，含有偶氮苯。含有偶氮的染料大部分是没有毒的，但当偶氮苯被降解后，就会产生苯胺，这是一种中等毒性的致癌物。过量的苯胺被吸入人体，可能会造成组织缺氧、呼吸不畅，引起中枢神经系统、心血管系统受损，对人体的肝、肾器官有明显的毒副作用。20 世纪 70 年代，国际癌症研究中心在动物实验中得出结论，认为苏丹红会引起大鼠、小鼠和家兔的肝脏和膀胱的癌症，并可能导致遗传物质的突变。有报告指出：在老鼠的皮下注射苏丹红 1 号可产生肝肿瘤，在人体内也可能造成人体肝脏细胞的 DNA 突变。因此，国际癌症研究机构将苏丹红 1 号归为三类致癌物，即动物致癌物。虽然没有证据证明苏丹红同样能够引起人体的癌变，但普遍认为，苏丹红不能用于食品中。1918 年，美国禁止将苏丹族染料用于某些食品中。1995 年英国和欧盟已经将苏丹红 1 号列为严禁用于食品中的添加剂。我国《食品添加剂使用卫生标准》也规定苏丹红不得用于食品生产。

然而，苏丹红价格便宜、添加成本低、染色效果好，经它处理过的食物色泽鲜亮、光彩诱人。就拿辣椒面来说，添加过苏丹红 1 号的辣椒面就比天然的更加红艳，即使暴晒也不会褪色。因此，苏丹红被有些黑心的食品制造企业违规当作食品着色剂进行非法添加，给消费者的健康带来严重损害，违反了我国的相关法律法规。2005 年，肯德基新奥尔良烤翅、奥尔良烤鸡腿堡和劲爆鸡米花等产品中含有苏丹红 1 号的事件被曝光后，苏丹红 1 号在全国引起了轩然大波。然后一场声势浩大的查禁苏丹红 1 号的行动席卷全国，在虾色拉、泡面、熟肉、馅饼、辣椒粉、调味酱等食品中，竟然都发现了苏丹红的存在。

苏丹红是脂溶性的，不溶于水，易溶于有机溶剂如丙酮、氯仿等，在人体内不易代谢排出。消费者在购买食品时，如果想判别某种食品是否被用苏丹红染色，最简单的方法就是将食品放入水中，看看会不会褪色。若长期浸泡不褪色，则有可能是添加了苏丹红。

2008 年年底国家卫生部公布的《食品中可能违法添加的非食用物质和易滥用的食品添加剂品种名单（第一批）》中，除了苏丹红，还包括玫瑰红 B、碱性橙Ⅱ（王金黄、块黄）、碱性嫩黄 O、酸性橙Ⅱ、美术绿。这些着色剂与食用着色剂有着本质的区别，是两种完全不同的概念，绝对禁止在食品中使用。但由于这些着色剂价格低、着色力强，不少食品生产经营单位和个体生产者为美化食品的外观，无视有关法规将其充当食用着色剂滥加滥用，以牟取更大利益。这些违禁添加着色剂无任何营养价值，并有不同程度的毒性，会严重影响消费者的健康。

2.3 腐竹、粉丝与漂白剂

腐竹，是一种高蛋白、高脂肪含量的传统豆制品，其色泽黄白、油光透亮，具有浓郁的豆香味，同时还有着其他豆制品所不具备的独特口感，深受我国消费者的喜爱。煮熟的豆浆保持在较高的温度条件下时，大豆蛋白质会发生热聚合而在豆浆表面形成一层蛋白质膜，蛋白质以外的成分（如油脂、糖类）在膜形成过程中被包埋在蛋白质网状结构之中；随着时间的推移，蛋白质膜越结越厚，到一定程度揭起烘干即为腐竹。

传统工艺制作腐竹需要精选上好黄豆，经过去皮、浸泡、研磨、甩浆、蒸煮、过滤、提取等工艺，费时、费力、消耗大量原料后获得熟豆浆。将煮透过滤后的豆浆倒入锅内，然后用文火加热，使锅内温度保持在 85 ~ 95 摄氏度，同时不断向浆面吹风。豆浆在接触冷空气后，就会自然凝固成一层油质薄膜（厚约 0.5 毫米），然后用小刀从中间轻轻划开，使浆皮成为两片，再用手分别提取。

浆皮提取遇空气后，便会顺流成条。每3～5分钟形成一层浆皮后揭起，直至锅内豆浆揭干为止。最初浆皮黄亮、口味醇香、品质较好，后续浆皮的色泽发生由淡黄色向褐色的变化，且越来越深、越来越明显。这是因为在长时间的加热保温过程中，豆浆中的糖类受热分解为还原糖。豆浆中的氨基酸，特别是赖氨酸和苏氨酸与还原糖反应生成类似酱色的颜色。这不仅影响腐竹的色泽，而且造成某些氨基酸损失，破坏了蛋白质中氨基酸的配比，从而降低了腐竹的营养价值。

粉丝则是一种高淀粉含量的线状食品，包括绿豆粉丝、魔芋粉丝、红薯粉丝、土豆粉丝等。由于绿豆中含有较多的直链淀粉，煮时不易烂，口感爽滑，品质更高，如我国著名的龙口粉丝，色泽洁白，耐沸水烹煮，口感筋道。绿豆粉丝的出品率不高，一般100千克绿豆仅可制得40千克左右的粉丝。随着我国绿豆价格的不断攀升，有些粉丝加工企业为降低生产成本，将大量价格较低的玉米淀粉掺入绿豆淀粉之中，这样制得的绿豆粉丝不耐煮、口感松软。玉米淀粉虽然是一种无害的食品原料，但它在放一段时间之后经常会颜色发黄发暗，从色泽上就与纯绿豆粉丝有较大差别。

可以看出，虽然腐竹和粉丝这两种食品的主要营养成分相差很大，但是它们中的次品却都有一个通病——色泽不佳，发黄发暗。而且，即便是优质产品，存放时间久了，颜色也会褐变。为改善腐竹、粉丝的色泽和亮度，一些生产者选择违法添加非食用漂白剂，这特别值得消费者警惕。

漂白剂是指能抑制食品色变或使颜色消减的物质，又称脱色剂。漂白剂通过氧化或还原反应破坏、抑制食品氧化酶活性和食品的发色因素，使食品褐变褪色或免于褐变，同时还具有一定的防腐作用。我国对食品漂白剂的用途和用量均有严格的限制。如硫黄燃烧可以产生二氧化硫，二氧化硫具有还原作用可以漂白食品并防止食品褐变。我国规定硫黄仅限用于熏蒸蜜饯类、干果、干菜、粉丝、食糖中，并且规定最大使用量为0.4克/千克（以二氧化硫残留量计）。当前社会上存在的用硫黄熏馒头、生姜、笋干等，就属于超范围非法使用；而对于一些允许使用硫黄漂白的食品如蜜饯、腐竹、粉丝等，存在的问题主要是超量使用，抽查发现某些产品二氧化硫残留量超标严重。

2011年11月，在公安部统一指挥下，由湖南长沙公安机关牵头，联合上海、福建、江西等省市警方共同发起了一场针对制售“毒腐竹”“毒粉丝”等假劣食品的跨省战役。警方现场捣毁生产、仓储、销售窝点273个，缴获“毒腐竹”“毒粉丝”等有毒有害食品多达43.3吨，涉案金额超过2 000万元。

为了改善腐竹、粉丝的口感及增加亮泽度，或者为了增加韧性、脆度、保水性及延长保存期，一些对人体有毒有害的工业添加剂被违法加入这些腐竹、粉丝中，包括吊白块、乌洛托品、硼砂等。

吊白块的化学名称为甲醛合次硫酸氢钠，是一种工业漂白剂、还原剂，在印染工业中，用作棉布还原染料，合成橡胶时用作氧化还原催化剂，是明令禁止在食品中添加使用的。若在腐竹、粉丝制作中加入吊白块，可使其变得更白、耐煮、韧性好、爽滑可口。但其毒性很大，这与其分解时产生的甲醛有关。甲醛易从消化道吸收，口服甲醛溶液10~20毫升，可致人死亡。人长期接触低浓度甲醛蒸气可导致头晕、头痛、乏力、视力下降等健康损害。甲醛急性中毒时可表现为打喷嚏、咳嗽、视物模糊、头晕、头痛、乏力、口腔黏膜糜烂、上腹部痛、呕吐等；随着病情加重，出现声音嘶哑、胸痛、呼吸困难等表现，严重者出现喉水肿及窒息、肺水肿、昏迷、休克。1995年，国际癌症研究组织已将甲醛列为对人体（鼻咽部）可能的致癌物。基于甲醛以上的急性毒性和对人体健康的影响，美国环保局限定甲醛仅能在限定范围和应用量的条件下作为动物食品添加剂。根据收集到的资料，腐竹及粉丝中检测出的甲醛浓度虽尚不足以引起使用者发生严重的急性中毒，但其长期、潜在的影响应引起人们的高度重视。

乌洛托品溶液也是甲醛与氨的化合物，一般用于治疗多汗症和皮肤病。将其掺入腐竹、粉丝等食品中，会起到增白、保鲜、改善口感、防腐的作用。但对人体的肾、肝、中枢神经、免疫功能、消化系统等均有损害。

硼砂是一种化工原料，常用在陶瓷和玻璃制造中。硼砂能杀菌，在洗涤用品、化妆品中用得也比较多，在医疗上则经常用来消毒。在食品中使用，可以起到防腐的作用，不过更重要的目的是改善口感，使食品耐煮筋道。硼砂的毒性不算高，以毒死一只大鼠作为标准，所需要的剂量是每千克体重2.66克。欧洲食品安全局的评估结果是：如果每天每千克体重摄入的硼砂不超过0.16毫克，就不会对健康有任何不利影响，这大致相当于一个成年人每天吃下0.1克硼砂；吃到更大的量，可能会引起呕吐、腹痛、腹泻等症状；而长期大量摄入的话，则可能影响生殖发育。使用硼砂，要起到改善口感以及防腐的作用，就需要相当大的量，这样就很容易达到有害的程度。所以，联合国粮食及农业组织和世界卫生组织食品添加剂联合专家委员会认为，硼砂不适于作为食品添加剂使用。在我国它也是禁止作为食品添加剂使用的。

消费者在购买腐竹的时候，可以通过“看、捏、泡”的方法来鉴别。合格的腐竹为淡黄色，蛋白质呈纤维状，迎着光线能看到一丝一丝的纤维组织；捏一捏，易碎的腐竹质量比较好；取几块腐竹在温水中浸泡，变软且泡出的水是淡黄色、不浑浊的，即为优质腐竹。

粉丝可以通过燃烧的办法来鉴别其中有没有添加物。一般情况下，纯淀粉制品燃烧比较困难，而有添加物的粉丝可以完全燃烧。同时可以用水煮的方法辨别粉丝是用纯绿豆淀粉制作的，还是掺杂了其他淀粉。沸水煮5分钟后，形态比较完整的粉丝是用纯绿豆淀粉制作的，而掺杂了其他淀粉的粉丝则会较快地被煮断。

2.4 三聚氰胺的危害

2008年6月28日，位于兰州市的解放军第一医院收治了首例食用河北石家庄三鹿集团所生产的三鹿婴幼儿奶粉而导致肾结石病症的婴幼儿，三鹿奶粉中含有的三聚氰胺正是病因所在。三鹿奶粉事件发生以后，全国紧急开展了奶粉市场整顿，国家质量监督检验检疫总局连同有关部门对市场上所有婴幼儿奶粉进行了全面检查。检查显示，有22家企业69批次产品检出了含量不同的三聚氰胺，除了众所周知的三鹿品牌，大家熟悉的圣元、蒙牛、伊利、施恩等均榜上有名。大量问题产品被撤柜、召回、销毁，仅三鹿公司一家就召回受到三聚氰胺污染的奶粉700吨，牛奶生产行业遭遇了一场空前的危机，中国老百姓开始谈奶色变。

三聚氰胺是一种重要的有机化工中间产品，主要用来制作三聚氰胺树脂，具有优良的耐水性、耐热性、耐电弧性、阻燃性，可用于装饰板的制作，用于氨基塑料、黏合剂、涂料、币纸增强剂、纺织助剂等。

三聚氰胺只是一种很纯粹的化工物质和原料，与食品完全沾不上边，为何会频频出现在奶粉中呢？原因其实很简单，奶粉中蛋白质含量是一项重要的奶品质检验指标，食品工业中通常是通过测定氮原子的含量来间接推算食品中蛋白质的含量的。由于三聚氰胺（含氮量66%）与蛋白质（平均含氮量16%）相比氮原子含量比例更高，所以被一些造假者利用，添加在食品中以造成食品蛋白质含量较高的假象。在奶粉中添加就是为了降低成本，在检测中虚假提高蛋白质含量。

2007 年 3 月 15 日，美国宠物食品生产商 Menu Foods 公司向美国食品和药物管理局（FDA）报告有 14 只食用该公司宠物食品的动物死亡。据调查，这些动物于 2006 年 12 月至 2007 年 3 月分别死于肾衰竭。接下来，不断有更多的病例上报，问题产品涉及的公司也越来越多。调查结果指出，掺杂了低于 6.6% 含量的三聚氰胺的小麦蛋白粉是宠物食品导致中毒的原因，而这些小麦蛋白粉正是从中国进口的。这说明，三聚氰胺是有严重毒副作用的。动物长期摄入三聚氰胺会造成生殖、泌尿系统的损害，产生泌尿系统和肾脏结石。而且，三聚氰胺可造成实验动物死亡。

三鹿公司因三聚氰胺给社会造成的巨大伤害而以破产告终，三鹿奶粉也淡出了人们的视线。虽然三鹿奶粉消失了，但是三聚氰胺和类似三聚氰胺的非法添加剂也消失了吗？

2009 年以来，一些地方又陆续查处了上海熊猫炼乳、陕西金桥乳粉、山东绿赛尔纯牛奶、辽宁五洲大冰棍雪糕、河北香蕉果园棒冰等多起乳品三聚氰胺超标案件。这些案件中的生产商都使用了 2008 年未被销毁的问题奶粉为原料来生产乳制品。乍听起来，确实让人震惊！2008 年毒奶粉事件中一个又一个惨痛的教训，依旧没能唤起某些奶粉制售商人们的良心，这些人仍然执迷不悟、利欲熏心、知法犯法、明知故犯。在事件发生一年多之后，这些人依然存在侥幸心理，想等毒奶粉事件的风头过了之后，再重新干起“老本行”，赚取不义之财。

三聚氰胺的阴影未去，二聚氰胺又来搅局。2013 年 1 月有媒体爆料，在新西兰恒天然集团的样本检测中发现二聚氰胺（双氰胺）残留。二聚氰胺的氮含量跟三聚氰胺是一样的，如果把它加到食物中，也同样可以在用“定氮法”测定蛋白质含量的时候虚假提高奶中的蛋白质含量。有三聚氰胺事件在前，消费者对乳制品的食品安全信任度不断下降，不由质疑为何奶制品中会出现二聚氰胺？二聚氰胺对人体有何毒性？我国是否有奶制品中二聚氰胺的残留检测标准？

二聚氰胺是一种硝化抑制剂，新西兰牧民多将其喷洒在牧草上，以阻止硝酸盐流入河流湖泊，用于促进草的生长。根据目前已知情况分析判断，此次新西兰奶粉双氰胺残留事件并非是奶粉加工过程中蓄意添加，而是牧草使用了氮肥增效剂双氰胺，奶牛吃了这种牧草后残留在奶中的。双氰胺毒性小于三聚氰胺，主要通过呼吸道、食道进入人体，对眼睛、皮肤产生刺激。目前，国际上对食品中双氰胺残留物的安全含量并没有制定统一的标准，也没有相关的毒性报告和病例。虽然目前国内官方尚无明确结论，但还是让不少将新西兰奶源视同安全“金标准”的消费者深感无所适从。

三鹿奶粉事件已经过去 5 年，但种种迹象也说明，在风暴式整顿之后，对三聚氰胺事件的清算并不彻底，数量巨大的所谓被查封毒奶粉及原料还需进一步追查销毁。同时，对于乳制品食品安全的监管漏洞还要进行重新评估，继之以严厉的问责，督促中外奶粉企业积极采取措施，在技术允许范围内最大可能地减少氰胺残留值。同时，也有必要大力推进母乳喂养，最安全的奶自然是母乳。除疾病因素外，98% 的妇女都可纯母乳喂养孩子。母乳喂养，无论是从营养成分、安全性还是亲子关系方面考虑，对宝宝来说都是最好的。

2.5 窝窝头与馒头

说起窝窝头，相信很多人都不觉得陌生。它是用玉米面或杂和面做成的，外形是上小、下大、中间空，呈圆锥状，本来是过去穷苦人的主要食品。人们为了使它蒸起来容易熟，底下留有个孔，又因为它是和馒头一样的主食，所以称这种食品为窝窝头。

关于窝窝头，还流传着一个有趣的传说。

庚子年间，八国联军入侵北京前夕，慈禧太后带着一千余人仓皇逃往西安。途中，西太后感到饥饿难忍，疲乏不堪。太监们四处搜寻，好容易从一个没有逃跑的村民家中找到一个凉窝窝头，献给了太后。慈禧拿起窝窝头狼吞虎咽吃了下去，顿感浑身舒服，一直到晚上都没觉得饿。后来她回味起来，觉得这个窝窝头比御膳房的珍馐美味不知香甜多少倍。在御驾回銮以后，她便命令御膳房为她做窝窝头吃。御膳房厨师仿照民间窝窝头的样子，用细玉米面、黄豆面、白糖、桂花加温水搅拌，500 克面捏成100 个小窝头，蒸熟以后金黄闪光、形似宝塔，吃在嘴里甜香可口、别有风味，受到了慈禧的称赞，小窝窝头也随之成了清宫中的有名小吃。

随着人们健康意识的增强，消费者不再单纯追求精白面食品，类似窝窝头的粗杂粮面制品，如玉米面馒头、荞麦面馒头、高粱面等杂和面馒头也深受人们喜爱。然而，就是这些我们经常吃的馒头，竟然也难逃非法添加剂的“染指”。

2011 年3 月，上海一些超市销售同一个公司生产的三种馒头，这些看起来白而香软的小麦馒头、淡黄诱人的玉米面馒头，却是靠着色剂染色生产出来的。上海染色馒头案引发了全国性的轰动，民众恐慌，各地严查，媒体跟风。连这些大型超市出售的馒头都没有质量保障，消费者们都不知道该去哪买了，有的人只得从超市买面粉，自己回家做馒头。

那么这些染色馒头是如何做出来的呢？馒头生产企业在生产馒头的过程中添加着色剂柠檬黄、甜味剂甜蜜素和防腐剂山梨酸钾，将白面染色制成“玉米面”馒头。

在国家《食品添加剂使用卫生标准》中，甜蜜素和柠檬黄着色剂属于可使用范围，但使用范围不包含发酵面制品，而山梨酸钾则不在可使用列表中。这三种添加剂都不是国家标准允许在米面制品中使用的，属于违法行为，追究相关企业和责任人的法律责任理所应当。但是消费者更关心的恐怕是食用这些添加剂究竟对人体有没有危害。

山梨酸钾是一种防腐剂，具有较高的抗菌性能，对细菌、真菌、酵母菌均有抑制作用，特别是防霉效果良好。它被广泛用于食品、饮料、化妆品和医药等方面，具有安全性高、防腐性能高效的特点。馒头生产企业在制作馒头过程中加入山梨酸钾，就是为了防止馒头发霉，并延长保质期。由于山梨酸是一种不饱和脂肪酸，它可以被人体的代谢系统吸收而迅速分解为二氧化碳和水，在体内无残留。经国内外大量使用，虽然没有发现它对人体不利及引发中毒，但在动物实验中显示出了致癌性，如用作罐头食品防腐剂的山梨酸可能与纤维肉瘤的形成有关。

甜蜜素，其化学名称为环己基氨基磺酸钠，甜度是蔗糖的 30～50 倍，比糖精低（糖精的甜度大约是蔗糖的 300 倍），但是没有糖精的苦味，所以二者经常混在一起作为甜味剂使用。甜蜜素最早是美国人发现并在美国上市的，在美国曾成为一种消费量很大的人工甜味剂，公认为安全物质。但是 1969 年实验发现，常用的甜蜜素与糖精的 10∶1混合物能增加大鼠膀胱癌的发病率，美国食品药品管理局（以下简称 FDA）就禁止了甜蜜素的使用。随后一些实验室在大量试验事实的基础上，以最新的研究事实证明甜蜜素的食用安全性，许多国际组织也相继发表大量评论明确表示甜蜜素为安全物质，但 FDA 至今还没有最终解决这个问题。现在世界上包括美国、日本、英国等在内的 40 多个国家却仍然禁止使用甜蜜素作为食品添加剂，也禁止进口含有甜蜜素的食品，为此我国一些食品企业在出口中遭受了巨大损失。

柠檬黄是一种偶氮型酸性染料，橙黄色粉末，溶于水呈黄色。一般用作黄色着色剂，在饮料、食品、药品、化妆品、日用品中用得很多。虽然还未有确定的关于柠檬黄的致癌性的证据，但由柠檬黄导致的过敏和其他反应十分常见。对柠檬黄的过敏症状通常包括：焦虑、偏头痛、忧郁症、视觉模糊、哮喘、发痒、四肢无力、荨麻疹、窒息感等。研究估算美国约有总人口数的0.12%患有柠檬黄过敏症。因此 FDA 规定对含有柠檬黄的食品和药品都必须标明含柠檬黄成分。动物实验表明摄入柠檬黄对肝脏、肾脏、胃壁都有不良影响，甚至在剂量很低时肝脏、肾脏的功能就出现不良反应。

这三种添加剂都不是国家标准里允许添加到馒头中使用的。甚至这些馒头生产企业有工人声称，无论如何自己都不会吃这种馒头。而我们这些不明真相的普通消费者却成为最终的受害者。相关部门应该对这种非法添加、过量添加的行为大力打击。

2.6 大头娃娃的悲剧

2003 年 5 月起，安徽阜阳地区相继出现婴幼儿因食用劣质奶粉而腹泻、重度营养不良的情况。这些患病婴儿年龄基本在 6 个月以下，均来自农村。因为严重缺乏营养，这些婴儿多已停止生长，有的甚至越长越轻、越小，他们的头看上去比正常孩子要大，因此当地人称这些孩子为"大头娃娃"。其实这些营养不良的婴儿头并不大，他们的头和普通婴儿的头是一样大的，只是因为他们的头水肿了，所以看上去像是很大。他们的身体也因水肿看上去比别的婴儿要胖，但是一按就会瘪下去。

这些大头娃娃们食用的奶粉不同于前面介绍过的添加三聚氰胺等有毒物质的奶粉，里面没有发现铅、砷等有毒、有害物质超标，也没有检出激素成分，但这种"假"奶粉中竟然几乎没有奶。不法分子为了降低生产成本，用淀粉、蔗糖等价格低廉的食品原料全部或部分替代乳粉，再用奶香精等添加剂进行调香、调味，制造出劣质奶粉，婴儿生长发育所必需的蛋白质、脂肪以及维生素和矿物质含量远低于国家相关标准。长期食用这种劣质奶粉会导致婴幼儿营养不良、生长停滞、免疫力下降，进而并发多种疾病甚至死亡。

蛋白质对人体各个器官的构建和发育很重要。人的肌肉生长、大脑发育以及其他各个系统的成长发育都需要蛋白质，特别是婴幼儿，身体处于一个快速发育阶段，对蛋白质和各种营养素的需求量尤其大。

按照国家食品药品监督管理局的规定，0 ~ 3 个月婴儿食用的奶粉，蛋白质含量必须达到 12%，3 ~ 6 个月婴儿食用的奶粉，蛋白质含量应不低于 10%，而这些"假"奶粉蛋白质含量大多数只有2% ~ 3%，低的只有 0.37% ~ 0.45%。婴儿长期食用这种蛋白质含量特别低的奶粉，会引发低蛋白血症，这时婴儿细胞、组织液和血液中的蛋白质含量很低。而机体维持正常弹性需要有一个渗透压，患有低蛋白血症的时候，人体的渗透压低，水分容易在细胞和组织中积聚，以致出现水肿，这种表现就是水肿型营养不良。

同时这些劣质奶粉不仅是蛋白质的含量极低，其他营养素如钙、磷、维生素等含量也很低。婴幼儿时期营养不良会影响孩子一生。0 到 3 岁是小孩大脑发育最快的时期，期间大脑的重量、体积会增加 3 倍，同时大脑神经网络的发育也已趋于成熟。如果这时候营养素摄入不够或者不均衡，对大脑的发育会造成严重的影响，过了这段时期，不管怎样加强补充营养，大脑的损害也不会被修复，因为大脑已经发育成形了。这会直接影响孩子未来的智力水平，甚至可能永远也赶不上其他营养摄入正常的孩子了。同时因为婴幼儿时期营养不良，各个器官发育不完善，也埋下了发病的隐患，冠心病、高血压、糖尿病等慢性非感染性疾病的发生率都会升高。

在我国，特别是农村消费市场上，婴儿奶粉良莠不齐，代替外出打工的儿女照顾婴儿的农村老人难辨真假。这就给那些劣质婴儿奶粉进入市场留下了可乘之机，也给这些不幸的孩子造成终生的贻害。除了增加奶粉的食品安全之外，我们还可以通过给婴幼儿合理添加辅食来补充营养，避免单一奶粉（母乳）喂养造成的营养不良。

其实，当婴儿生长至 4 ~6 个月的时候，母乳无论质还是量都已无法满足他们的需要。这个阶段，婴儿的消化吸收功能也日趋成熟，乳牙开始萌出，咀嚼能力增强，已经可以逐渐适应半固体和固体食物。蛋类是首选的婴幼儿蛋白质类辅食。考虑到蛋类可能引起小月龄婴儿食物过敏，我们可以先添加蛋黄。蛋黄中不仅富含优质蛋白质和铁，而且容易消化，可从 5 ~6 个月开始添加。7 ~8 月龄的婴儿可以添加少量肉末、豆浆、嫩豆腐等来补充蛋白质。同时可以选择一些新鲜蔬菜和水果作为婴幼儿的维生素、矿物质类辅食。4 ~5 月龄的婴儿可以喝些菜汤水、鲜榨果汁等并逐渐向菜泥、果泥过渡。6 ~7 月龄后可以食用切细的蔬菜等。

假冒伪劣食品不一定都会造成食品安全问题，比如用饴糖伪造蜂蜜、用木薯淀粉伪造藕粉，食用后并不会对消费者的健康构成危害。但是，有些假冒伪劣食品却会对消费者造成严重的直接危害，比如用工业甲醇兑制白酒导致失明甚至丧命，三聚氰胺造成大量婴幼儿的泌尿系统结石等。保障食品安全不仅需要完善法规和监管，也需要食品生产者承担相应的社会责任。当今世界的社会分工愈发精细，市场流通也愈发广泛，食品的生产者同时也就是食品的消费者。面对眼前的经济利益，食品生产者的道德底线能否坚守，不仅关系到购买者，也关系到自身的食品安全。

3 转基因食品

为了解决传统农业所造成的严重的环境污染，增加生物多样性，降低生产成本，人类将最新的生物技术应用于农业和食品领域。1983 年，世界上第一例转基因植物（一种含有抗生素药类抗体的烟草）在美国诞生。10 年后，也就是 1993 年，第一种市场化的基因作物——可以延迟成熟的西红柿在美国出现。1996 年，这种转基因西红柿得到许可在美国超市出售。我国是世界上第二个有转基因抗虫棉花自主知识产权的国家。2009 年 11 月 27 日，我国农业部批准了 2 种转基因水稻、1 种转基因玉米的安全证书。由此，我国成为世界上第一个批准主粮可进行转基因种植的国家。一石激起千层浪，从此，网络、报纸、电视等各媒体，开始为这事争论得沸沸扬扬。政府组织与非政府团体，国际组织与国内机构，政治团体、经贸团体与各种民间组织纷纷争先恐后地加入这场争论之中。于是，街头巷尾的普通老百姓开始担忧起来：转基因食品到底是什么？会不会影响健康？它安全吗？

3.1 撩起转基因食品的面纱

地球上的生物是多种多样的，大到恐龙、鲸鱼，小到细菌、病毒。然而，它们有一个共同点：几乎都以 DNA（或 RNA）来储存遗传信息，而且这些生物的 DNA 基本结构是相同的。在这样的基础上，现代生物工程技术可以使人们像连接不同颜色的绳索一样，把不同生物的 DNA 连接到一起。

所谓转基因技术，也就是基因工程技术，又称作 DNA 重组技术，是按照人们的意愿和设计方案，以分子生物学、分子遗传学、生物化学和微生物学为理论基础，通过将某一生物（供体）细胞的基因分离出来或人工合成新的基因，在体外进行酶切和连接并插入载体分子，使遗传物质基因重新组合，导入自身细胞或另一种生物（受体）细胞中进行复制和表达等实验手段，有目的地实现动物、植物和微生物等物种之间的DNA重组和转移，使现有物种在短时间内趋于完善或创造出新的生物特性。

转基因的基本原理与常规杂交育种有相似之处。杂交是将整条的DNA链（染色体）转移，而转基因是选取最有用的一小段基因转移。因此，转基因比杂交具有更高的选择性。通俗地讲，转基因食品，也称基因修饰食品，就是采用转基因技术开发的食品或食品添加剂。通过遗传学技术将有利的基因转移到另外的微生物、植物或动物细胞内，使它们获得有利特性，如增强动植物的抗病虫害能力、提高营养成分、增加产量、延长货架期等。

举个例子来说吧。大豆中蛋白质的含量达30%～40%，而且是优质蛋白质。水稻蛋白质含量约7.1%，且主要是醇溶蛋白和谷蛋白，所含的必需氨基酸中，赖氨酸、苏氨酸、色氨酸、苯丙氨酸和蛋氨酸含量偏低，生物利用率不高。如果把编码大豆的蛋白质基因植入到水稻中，对水稻加以改造，就可以提高水稻的蛋白质含量。这对由于蛋白质缺乏导致营养不良的人群来说，无疑是很有帮助的。再比如，北极一种鱼类具有防冷冻的性能，将其基因分离提取，再植入西红柿之内，就可以制成耐寒的西红柿新品种。

转基因农作物之所以能够获得如此迅速的发展，不仅是因为它能够解决人们目前所面临的人口增长与耕地面积减少的难题，而且也是优化物种、培育良好粮食作物及重要经济食物的一个途径。转基因技术的特点就是，把一个品种的特性按人们的意愿改变，使之更适应环境、具有抗耐性，从而更好地满足人类生活的需要，以及丰富生物的多样性。

3.2 转基因食品的特点

多数转基因食品来自植物性转基因作物。相对而言，世界范围内转基因动物和微生物方面的研究和产品都落后于植物性作物。概括起来，转基因作物以提高产量、改善品质为主要目标。其主要特点有以下五个。

3.2.1 耐受除草剂

除草剂是农业上应用广泛的一类化合物。例如，草甘膦是一种常用除草剂，但是在抑制杂草生长的同时，这种除草剂也抑制农作物的生长。科学家从鼠伤寒沙门菌和大肠杆菌中分离出一种基因，缩写叫 EPSPS，这种基因是草甘膦抵抗型，如果将其转入烟草、西红柿、牵牛花和大豆中，这些作物就表现出能够耐受草甘膦的特性。

3.2.2 抗病虫害

农药的使用曾经有效地控制了病虫害，但杀虫剂的使用不仅污染了我们赖以生存的环境，而且由于病虫害对其产生抗药性，其效果也已大大降低。转基因植物的一个主要应用领域就是生物防治病虫害。苏芸金杆菌产生的特有蛋白质，对螟虫具有天然的杀灭作用，将 Bt 中抑菌基因 crylAb 分离出来，并成功地转入棉花、玉米、大豆、西红柿等，可以发挥特有的抗虫作用。

3.2.3 改善食物成分

遗传工程为改善食物成分提供了可能，特别是改善谷物和豆类蛋白质品质。例如，在以植物为主食的国家，植物性食品的氨基酸不平衡是一个主要的营养学问题，例如豆类通常缺乏含硫氨基酸－蛋氨酸和半胱氨酸，谷物缺乏赖氨酸和色氨酸等。然而通过遗传工程技术增加这些氨基酸的含量，改变氨基酸组成及转入其他植物蛋白基因，可以获得蛋白质高效表达。此外，还可以通过转基因食品减少大米中米胶蛋白的含量，以减少人们对大米食物不耐受症状的发生。

3.2.4 改善品质，增加产量

对于人口增长及耕地面积减少这个难题，改进农业生产品质是一个良好的解决途径，如动物和植物增加产量、增强耐热或耐寒冷的能力，植物增强抗干旱能力以及耐受盐碱地的能力。目前这样的转基因食物也比较常见。

3.2.5 延长货架期

通过转移或修饰与控制成熟期有关的基因，可以使转基因生物成熟期延迟或提前，以适应市场需求。如西红柿、柿子等，如果在成熟以后采摘，需要尽快销售，否则就会软化腐烂。多半乳糖醛酸酶是果胶降解酶，使西红柿成熟且与水果软化和腐烂有关。为了降低多半乳糖醛酸酶的活性，在西红柿的多半乳糖醛酸酶基因上导入一个控制活性的 DNA 序列，从这个序列转录的信使 RNA（mRNA）可以抑制西红柿中多半乳糖醛酸酶的表达。这样转基因西红柿就可以抵抗软化和微生物感染，成为延熟西红柿，可以保持较长的货架期。

3.3 转基因食品的类别

3.3.1 植物性转基因食品

转基因食品的研究最早从植物开始。自 1983 年首次获得转基因烟草、马铃薯以来，短短十余年间，植物基因工程的研究和开发进展十分迅速。国际上获得转基因植株的植物已超 100 种，包括水稻、玉米、马铃薯等作物，棉花、大豆、油菜、亚麻、向日葵等经济作物，西红柿、黄瓜、芥菜、甘蓝、花椰菜、胡萝卜、茄子、生菜、芹菜等蔬菜作物，苜蓿、白三叶草等牧草，苹果、核桃、李子、木瓜、甜瓜、草莓等瓜果，矮牵牛、菊花、香石竹、伽蓝菜等花卉，杨树等造林树种。应该说转基因植物研究取得了鼓舞人心的突破性进展。

通过转移或修饰相关的基因可达到增产效果，如抗病虫害功能、耐涝、耐寒、耐旱等；控制成熟期；改善营养品质及增加生物多样性。通过不同品种间的基因重组可形成新品种，由其获得的转基因食品可能在品质、口味和色香方面具有新的特点。

蔬菜和水果成熟后，其组织呼吸速度和乙烯合成速度普遍加快，并迅速导致果实皱缩和腐烂。控制蔬菜、水果细胞中乙烯合成的速度，能有效延长果实的成熟状态及存放期，为其长途运输提供了有利条件，具有重要的经济价值。

植物细胞中的乙烯由 S-腺苷甲硫氨酸经氨基环丙烷羟酸合成酶和乙烯合成

酶催化裂解而成。20 世纪 90 年代初，采用反义 RNA 技术封闭西红柿细胞中上述 2 个酶的编码基因的表达，由此构建出的重组西红柿的乙烯合成量分别仅为野生植物的 3% 和 0.5%，明显延长了西红柿的保存期。目前，类似的研究已扩展到了草莓、苹果、香蕉、芒果、甜瓜、桃子以及梨等多种水果。

长期的植物生理学研究结果表明：植物对盐、碱、旱、寒和热等环境不利因素的自我调节能力很大程度上取决于细胞内的渗透压，提高渗透压往往能改善植物对上述环境不利因素的耐性。目前各种抗盐、抗碱、抗旱、抗寒以及抗热的转基因植物正在研究之中。

3.3.2 动物性转基因食品

1981 年，人类第一次成功地将外源基因导入动物胚胎，创立了转基因的动物技术。1982 年，转基因小鼠项目获得成功。转入大鼠的生长激素基因的小鼠，体重为正常个体的两倍。其后 10 年间，兔、绵羊、猪、鱼、昆虫、牛、鸡、山羊、大鼠等转基因动物的项目相继获得成功。

与植物性转基因不同的是，动物转基因技术面临着更多的问题，诸如生产周期长、效率低、成本高、转基因动物死亡率高且常出现不育导致转基因难以传代、无法大规模生产等问题。但目前仍然有不少成功的研究和实例。

含有人生长激素基因的转基因猪生长期显著缩短，且饲料利用率及瘦肉比重大幅度提高，具有可观的经济意义。然而这种转基因猪体质相当虚弱，可能就是由于生长激素在其生长发育中全程表达的缘故，而正常生理条件下内源性生长激素的存在周期通常只有 2 个月左右。

转基因牛主要限于转基因奶牛，其目的之一是改变牛奶的成分。例如，使乳糖酶基因在奶牛乳腺细胞中表达，能产生无乳糖牛奶，恰好可满足那些对乳糖过敏或消化不良的人群的需求。转基因牛的另一目的是借助于转抗体基因和转病毒细菌蛋白基因培育抗菌、抗病毒和抗寄生虫的新品系。现在的大型养牛场仍采用疫苗免疫、物理隔离和药物治疗的传统方法控制大面积的感染，其花费高达饲养总成本的 20%，由此可见这种转基因牛构建具有重要的经济价值。

3.3.3 转基因微生物食品

微生物是所有生物中繁殖速度最快，也是生长密度最高的物种。因此，在最短的时间和最小的空间内，转基因微生物能产生最多的有效成分，这是其他转基因生物无法比拟的优势。所以，微生物也是转基因最常用的转化材料，应用也最广泛。

转基因微生物食品与转基因动、植物食品不同之处在于，它一般不是用作食物的主要成分，而是用作食品加工的辅助成分。

食品工程菌在食品加工中具有不可取代的地位，其作用主要来自于其特有的酶类产物，如蛋白酶、淀粉酶、纤维素酶、脂酶等。生产粮食制品、调味品、酒类饮品、奶类制品等，都离不开酵母、乳酸菌等食品工程菌。基因工程可使食品工程菌产生活力更强且种类更多的酶类。按照食品加工的需要，将特定酶的基因导入细菌，或对细菌中原有的酶基因进行改造，赋予食品工程菌一些全新的性能。例如，生产奶酪的凝乳酶，以往只能从杀死的小牛的胃中才能取出，现在利用转基因微生物已能够使凝乳酶在小牛体外大量产生，避免了小牛的无辜死亡，也降低了生产成本。

利用微生物遗传工程，还可以将普通的蔬菜、水果、粮食等农作物，变成能预防疾病的神奇的“疫苗食品”。例如，科学家培育出了一种能预防霍乱的苜蓿植物。用这种苜蓿来喂小白鼠，能使小白鼠的抗病能力大大增强。而且这种霍乱抗原，能经受胃酸的腐蚀而不被破坏，并能激发人体对霍乱的免疫能力。

3.4 转基因食品的安全性

面对转基因食品，食用安全的问题是人们首先考虑的，例如插入基因的漂移、抗性、过敏和中毒等。除食用安全外，无论如何，转基因食品的营养价值和营养素利用率、可食用性等也是食品评价的另一重要方面。

1998 年 8 月，英国罗威特研究所普兹泰教授发现，老鼠食用转基因土豆后，免疫系统受到破坏。2000 年，法国安万特谷物科学公司生产的“里联”转基因玉米因可能导致部分人皮疹、腹泻或呼吸系统的过敏反应，只准予用作动物饲料，但检测发现，该转基因玉米被混入加工食品中，从而引起全球300多种含玉米产品的回收潮。此后，美国政府于2001年1月出台了转基因食品管理草案。

2000年，德国耶拿大学的雅莱斯等研究人员发现，用转基因玉米制成饲料喂养鸡，发现鸡肉里存在玉米的变异片段。2005年5月，英国《独立报》报道，美国孟山都公司的研究表明，食用了转基因玉米的老鼠肾脏变小，血液的构成发生变化。

总的来说，转基因食品在人体健康方面的潜在危害，目前主要集中在以下几个方面。

（1）转基因食品可能引起人体过敏反应

转基因植物引入了外源性目的基因后，会产生新的蛋白质，部分个体可能很难或无法适应而诱发过敏症，如转基因玉米和RR转基因大豆就可能导致过敏症发生的频率增高。

（2）抗生素标记基因可能使感染人类的细菌产生抗药性

抗生素标记基因在商业转基因植物中大量使用。人类食用了这些转基因食品后，食品在体内将抗药性基因传给致病性细菌，从而使病菌产生抗药性，使抗生素失效。比如目前有些转基因植物的抗生素标记基因是卡那霉素抗性基因，一旦在环境中释放，该基因就有可能产生突变，出现氨基丁卡霉素抗性（目前认为这种可能性较小）。而氨基丁卡霉素是国际医药界储备的应急救危药物，一旦体内的细菌获得了氨基丁卡霉素抗性，这种应急救危药物还没有启用就已经失效。

（3）转基因食品营养成分的改变

转基因食品中的外源性基因可能会改变食物的成分，包括营养成分构成和抗营养因子的变化。如具有防癌功能的异黄酮成分，在抗除草剂转基因大豆中的含量较传统大豆就减少了14%；转基因油菜中类胡萝卜素、维生素E、叶绿素均发生变化。这些变化会导致食品营养价值降低，人体营养结构失衡，影响机体的健康。

（4）转基因食品的毒性作用

由于目前的转基因技术不能完全有效地控制转基因后的结果，如果转入的基因发生突变则可能产生有毒物质，或者使食品中原有的毒素含量增加，产生毒性作用，甚至产生或增加“三致”（致死、致畸、致突变）毒性。例如马铃薯中的毒性物质脱氧甘油碱的含量变化就完全取决于插入外源性基因的类型。转基因食品这种无法预期的后果使消费者更加担心。

3.5 转基因食品的评鉴

据国际农业生物技术应用服务组织（ISAAA）的统计，2011 年全球共有 29 个国家的 1 670 万名农民种植了 1.6 亿公顷的转基因作物，占全球耕地的 10%，相当于中国可耕地面积的 1.3 倍。

基因工程技术是一柄双刃剑，在为人类生活和社会进步带来巨大利益的同时，也可能对人类健康和环境安全造成负面的影响。因此，必须对转基因生物进行安全性评价，利用科学系统的方法和技术，发现转基因生物及其产品潜在的安全性问题，同时以评价为指导在研发、生产、消费和管理过程中采用适当的措施消除或降低危害性，保证以较小的代价，赢取最大的利益。

同时，基因工程技术实现了任何物种间基因的无障碍转移。大量的异源基因介入生物体及转基因生物介入自然界的速度超过了自然进化速度的千百万倍。其带来的危险或者风险将会是长期的，很多影响需要足够的应用时间和空间才能显现出来。因此，转基因食品的安全性评价必须充分认识及针对基因工程技术的这一显著特点。

人类历史上任何一项新技术，包括在现在看来已经相当成熟的技术，在其产生的初期都会产生正负两方面的效应。人类借助于有效的安全性评价，不断发现和消除其存在的安全性问题，趋利避害，从而促进了新技术的不断完善和发展，使之造福人类。

正因为如此，各国对转基因食品的态度也不尽相同。

美国是世界上最大的转基因食品生产和出口国，每年都利用基因食品赚回巨额的外汇。2011 年，美国有 6 900 万公顷的农田上种植了转基因作物，占美国可耕地面积的 43%；转基因作物包括玉米、大豆、棉花、油菜、甜菜、苜蓿、番木瓜和南瓜等，其中大豆、棉花、玉米和油菜这四个类别中的转基因品种占其整个类别的比例分别达到了93%、93%、86%和90%。美国势必要寻找销售市场，特别是国际市场。为此，也就形成了以美国为代表的支持派。

对发展中国家来说，特别是那些粮食危机严重的国家，转基因技术可能意味着机遇，利用转基因技术发展农业将成为解决吃饭问题的重要出路之一。不过，也有一些发展中国家，由于对这项技术了解甚少，也不清楚转基因产品在人体、环境和生物多样性方面长期的负面影响究竟是什么，所以抱着观望的态度。总的来说，当发达国家制定关于转基因的本国计划时，他们享有完全的自由，并能够通过投资、贸易等多重手段来表明自己的观点；发展中国家却没有这么多的自由，他们总是要受到来自贸易伙伴的压力并努力去适应他们的要求，而不能独立、全面、客观地衡量利弊，他们对转基因食品的态度总是矛盾又无奈，一言难尽。

在欧盟等地区，因为他们有充足的食物，没有采用这项新技术的必要性，所以形成了以环境保护主义者和消费团体等组织为主体的转基因食品的坚决反对者。他们认为某些转基因作物虽然个头大、颜色艳，但缺少了原汁原味。更有甚者，他们担心转基因食品有可能含有毒素而不利于人体健康，长期食用会诱发癌症等致命的疾病。他们还组织反对转基因的大规模抗议和游行，采取各种措施阻止转基因食品的研究和开发，例如破坏转基因作物的实验室和试验田，号召消费者不要购买转基因食品。政府更是谨慎有加，因为转基因食品问题关乎国民健康和环境安全，因而成为一个颇具政治敏感性的议题。所以，也就形成了以欧盟为代表的反对派。

在有关转基因技术纷纷扰扰的争论中，转基因食品的发展前景似乎变得更加扑朔迷离，其实这也并不是转基因食品才独有的现象。回顾历史上新技术产品的形成和发展过程，不难发现，任何技术方向的形成与发展方向都不可避免地要受到社会因素的影响。社会需求引导了它的出现，实际应用推动了它的发展，不同社会群体之间的相互争论与“磋商”决定了它的演变方向，这一过程并不是事先可以预测的。随着科学技术的发展，科学技术越来越明显地成为社会大系统的有机组成部分，它与整个社会大系统及其子系统之间的复杂联系与相互作用也变得越来越突出。但是，无论如何零风险是不可能的，也没有什么是绝对安全的。

民以食为天，像我国这样一个大国，按目前的发展状况，农业供给的压力会越来越大，如果只能依靠粮食进口，中国便丧失了粮食安全上的主动立场。所以，因噎废食、无所作为，才是最大的风险。但是，发展转基因食品必须从对人体健康的影响、对生态系统的影响，以及对各国政治和经济关系的影响等方面，进行辩证与综合考虑，全面与细致分析，慎重与客观评价。同时，应确立相应的政策制度，并实施必要的管理举措，以确保转基因食品的安全，使转基因技术在发展的同时能进一步为人类造福。

4　农药残留

涂药黄瓜、甲醛白菜、蓝矾韭菜、问题猪肉……各种农药、兽药、激素、保鲜剂等农用药剂的超标、违规使用，不仅造成农产品农药残留超标，产生食品直接污染，还可能导致人畜共患疾病的增加，甚至造成恶性的食品安全事故。不时爆出的农残超标问题、蔬菜肉类食物中毒事件让人心有余悸。消费者们说起农药滥用和农药残留，往往满腔愤慨，直指生产者无良缺德；而生产者又往往会辩称不用这些化学药剂，百姓的餐桌就没有保障。为何我们的农业生产越来越依赖化学药剂？这些药剂会对我们造成哪些已知的和潜在的危害？为何低毒的农用药剂不易推广？让我们通过几个案例来了解这些问题，探讨农产品在保障质量的前提下提高产量的可行之道。

4.1　鱼的悲哀

2006年10月中旬，上海、北京等地相继发生多宝鱼药物残留超标事件。10月底，上海市食品药品监督管理局采集30份多宝鱼样品对禁用鱼药、限量鱼药、残留重金属等指标进行检测，结果发现这些多宝鱼样品全都含有硝基呋喃类代谢物，部分样品还被检测出孔雀石绿、恩诺沙星、环丙沙星、氯霉素、红霉素等多种禁用鱼药残留。11月19日，上海市宣布暂停销售多宝鱼，随后各地相继展开对多宝鱼的检测，查出多种禁用鱼药。全国各地水产品批发市场相继发出停止销售多宝鱼的通知。

多宝鱼有裙边，胶原蛋白含量高，肉质鲜美。由于养殖环境的差异及多宝鱼本身抗病能力较差等原因，多宝鱼养殖技术要求较高。一些中小养殖者在技术不过关的情况下，大量使用违禁药物以预防和治疗鱼病，直接导致多宝鱼药物残留超标。

硝基呋喃类抗菌剂是一种广效性抗生素，因价格较低廉且疗效佳，广泛用于畜禽及水产养殖鱼类，用来治疗由大肠杆菌或沙门杆菌所引起的肠炎，养殖鱼的疥疮、赤鳍病、溃疡病等。硝基呋喃类抗菌剂常见的有四种药物，呋喃西林、呋喃唑酮、呋喃它酮和呋喃妥因。

长时间或大剂量应用硝基呋喃类药物均能对动物体产生毒性作用，兽医临床上经常出现有关畜禽类呋喃西林、呋喃唑酮中毒的事件。呋喃它酮为强致癌性药物，呋喃唑酮为中致癌性药物，有繁殖毒性实验结果表明，呋喃唑酮能减少精子的数量和胚胎的成活率。此外，硝基呋喃类药物在动物体内的半衰期短，代谢速度非常快，但其代谢产物能够与组织蛋白质紧密结合，以结合态形式在体内残留较长时间，且毒性更强。鉴于硝基呋喃类药物及其代谢产物人体长期食入有致癌、致畸胎及其他安全顾虑，1995 年起欧盟禁止硝基呋喃类药物用于食用畜禽及水产动物。2002 年，我国农业部规定，硝基呋喃类化合物禁止用于所有食品动物。

恩诺沙星、环丙沙星、氯霉素、红霉素都是抗生素类药物，并且环丙沙星和氯霉素也都是国际及国内禁用鱼药。经常摄入“有抗食品”，食品中的抗生素会进入人体并产生蓄积，时间长了，体内的细菌会由于不断接触各种抗生素而在其作用下产生变异，从而出现耐药的细菌株，并不断传代，形成具有耐药性的细菌株。由于“有抗食品”中可能含有各种抗生素，因此细菌可能对各种抗生素都会产生耐药性，一旦这样的细菌感染机体，那么各种抗生素都难以对该类细菌发生作用，从而使得疾病难以控制，甚至能危及患者的生命健康；其次，抗生素在杀菌的同时，也会造成人体损害，如影响肝脏和肾脏功能、胃肠道反应及引起再生障碍性贫血等，特别是对婴幼儿危害更大。

通过饮食获得对抗生素的耐受已经给普通家庭带来极大的担忧。最近几年里经常在临床上发现儿童使用一代、二代、三代抗生素均无效。在对需要进行抗生素治疗的新生儿以及幼儿进行的药敏试验中，五成以上的小宝宝对常见抗生素都有不同程度的耐药性，较往年显著增加。

孔雀石绿，是化工产品，既是杀真菌剂，又是染料，它能延长鱼的存活时间，使死亡后的海鲜颜色鲜亮，而且消费者很难从外表分辨，所以孔雀石绿很受海鲜运输业的欢迎，也成为“保鲜保活”的法宝。不过，孔雀石绿在鱼体内残留时间长，且具有较高毒性和高残留，长期食用容易致癌，及造成人体畸变、突变等。

并不仅仅是多宝鱼，养殖散户对大部分海产品都使用抗生素。海鲜养殖本身投入大，而鱼虾的病害一死就是一大片，损失将非常惨重，所以养殖散户在技术不过关的情况下，都会多多少少用些抗生素，以防止海产品死亡。于是，这些抗生素也就经由海鲜进入了人的体内。

4.2 越战残留的殇

随着农业的现代化发展，农民在农业生产中也大量运用高科技产品，包括生物农药、农药混剂等一系列化学产品，不过最受欢迎和销量最大的农药产品是除草剂。目前，市场上除草剂品种多，同时应用技术要求也高，在应用中稍有不慎，就会发生药害、除草效果不好等问题，除草剂污染问题也尤其值得关注。

最为著名的除草剂污染事件要数越战中除草剂的使用。当年，美军为了对付藏身于丛林中的游击队员，就对树林喷洒了大量的除草剂，希望以此来毁掉游击队员的天然屏障，迫使他们失去掩护，从而方便美军进行空中打击。在越战期间，美军在战场上使用了总共15种除草剂，其中55%的除草剂的储藏桶是橙色的，它们又获得了“橙剂”这一简称。这种被称为“橙剂”的除草剂因为含有剧毒的化学物质二噁英而对人体造成了巨大伤害，它与癌症、白血病、神经紊乱、孕妇流产以及胎儿畸形之间的密切关系已经得到证实。据悉，“橙剂”已造成越南上百万人死亡、残疾或患上癌症，几十万新生儿畸形。

1962年至1971年，美军在越南喷洒了大约8 000万升除草剂。除了“橙剂”之外，美军当年还使用了少量的其他除草剂，即所谓的“粉红剂”“蓝剂”和“紫剂”，而且使用范围还包括老挝和柬埔寨，而“粉红剂”的毒性更大，其成分是百分之百的二噁英。目前，越南南方许多地区的土壤和水源中依然存在“橙剂”的毒素，虽然许多当年遭到喷洒的地区现在又是树木茂密，但是二噁英毒素已经进入了鱼和家禽的机体组织内，从而对越南人民的生活和健康带来了长期的危害。虽然美军喷洒“橙剂”已经过去了很多年，但是，二噁英依然存在于越南的环境中并且进入了越南人的食物链。美国科学家的研究表明，在“橙剂”喷洒地区的越南百姓的血液中，二噁英的含量比没有受到“橙剂”污染地区百姓的血液高出了135倍。

农田化学除草的开端可以上溯到19世纪末期，在防治欧洲葡萄霜霉病时，人们偶尔发现波尔多液能伤害一些十字花科杂草而不伤害禾谷类作物；法国、德国、美国同时发现硫酸和硫酸铜等的除草作用，并用于小麦地等田地除草。有机化学除草剂始于1932年选择性除草剂二硝酚的发现。20世纪40年代2，4－滴的出现，大大促进了有机除草剂工业的迅速发展。1971年合成的草甘膦，具有杀草谱广、对环境无污染的特点，是有机磷除草剂的重大突破。

目前，有机磷农药主要是用于防治植物病虫害。这一类农药品种多、药效高、用途广、易分解，在人、畜体内一般不积累，在农药中是极为重要的一类化合物，包括大家非常熟悉但目前已经禁用的敌敌畏和常用的对硫磷、内吸磷、马拉硫磷、乐果、美曲膦酯等。

有机磷农药多为磷酸酯类或硫代磷酸酯类，大多呈油状或结晶状，工业品呈淡黄色至棕色，除美曲膦酯和敌敌畏之外，大多数有蒜臭味。一般不溶于水，易溶于有机溶剂如苯、丙酮、乙醚、三氮甲烷及油类。有机磷农药可经消化道、呼吸道及完整的皮肤和黏膜进入人体。其引起的慢性中毒的突出表现是神经衰弱症候群与胆碱酯酶活性降低。有的有机磷农药可引起支气管哮喘、过敏性皮炎及接触性皮炎。

敌敌畏等烈性农药毒性大，对人畜有致命危险。有的单位和家庭用敌敌畏熏杀蟑螂，导致人员慢性中毒及室内鱼、虫、花卉等死亡的后果。事实上，在喷洒过程中，有70%的药剂飘荡在空中，对环境造成二度污染。敌敌畏对人体还具有弱致癌作用。卫生部于2008年5月24日发出紧急通知：禁止使用敌敌畏等污染农药杀虫。目前城市杀虫允许使用的是“卫生杀虫剂”而非农药，其毒性指标已完全达到对人畜无毒副作用的水平。

4.3 阳光的味道

英格兰金斯顿大学有研究报告指出：即使是非常整洁的人，平均每张床上的被褥螨虫和尘埃螨虫也有1 500万只；3个月不晒被子，将会有600万螨虫陪我们睡眠；而晒完被子后的所谓“太阳味儿”，也被这份报告煞风景地解释为“螨虫被烤熟”的味道。

世界上已发现螨虫有5万多种，仅次于昆虫，不少种类与医学有关。近年来发现螨虫与人的健康关系非常密切，诸如革螨、恙螨、疥螨、蠕螨、粉螨、尘螨和蒲螨等可叮人吸血、侵害皮肤，引起“酒渣鼻”或蠕螨症、过敏症、尿路螨症、肺螨症、肠螨症和疥疮，严重危害人类的身体健康。在一项研究中，科学家发现那些有皮肤病的人每1平方厘米有12.8个螨虫，而没有皮肤病的每1平方厘米只有0.7个。按普通人脸一般350平方厘米计算，如果你脸上没有痘痘，夜里会有约245只螨虫在你脸上活动；如果你有痘痘而且比较多，夜里将有约4 480只螨虫在你脸上活动。

小小的螨虫，成为隐藏在我们周围的定时炸弹，可能给对我们带来多种危害。比如引起过敏，当人们接触了被螨虫污染的物品后，即能引起皮炎；引起螨虫病，螨虫还可通过日常饮食或呼吸而进入人体的消化道或呼吸系统，引起肠螨病和肺螨病；充当传染媒介，螨除了直接致病外，还能传染羌虫病、流行性出血热、鼠性斑疹、伤寒、弓形虫病、立克次体病和狂犬病等各种疾病。

螨类除了对人体健康造成危害，对农业生产也有可能造成严重危害。常见的农业害螨有40多种，它们主要危害果树、棉花、麦类、蔬菜、烟草、茶叶、玉米、大豆、花生等作物。这些害螨主要危害叶片。被害叶初期仅在叶脉附近出现失绿斑点，以后逐渐扩大，叶片大面积失绿，变为褐色。螨口密度大时，被害叶布满丝网，提前脱落。农业害螨体积小、繁殖力强，一年发生代数多，对环境的适应性强，易产生抗性，是公认的最难防治的有害生物群落。螨类的猖獗与外部条件，如气候、食料和天敌等因素有密切关系；另外，还受到药剂防治所引起的副作用影响。

用于防治植食性害螨的药剂称为杀螨剂。早期使用的杀螨剂多为硫黄和无机硫制剂。第二次世界大战后出现一批有机氯杀螨剂，包括六六六、DDT、3911、E1059、E1605、杀虫脒、三氯杀螨醇等。这些有机氯农药不仅是杀螨剂，还是广谱高毒杀虫剂，见效快，不分害虫益虫能全部杀死，这也使得人们对这些有机氯杀虫剂是爱恨交织。

DDT 中文名叫“滴滴涕”，它从发明到曾经的风光无限，直至最后被禁用约有 100 年的历史，人们对它是又爱又恨。

1874 年，德国化学家蔡德勒在实验室合成了 DDT，但当时没有发现有什么用途；1939 年，瑞士化学家保罗·穆勒发现 DDT 可以迅速杀死蚊子、虱子和农作物害虫，而且在当时认为比其他杀虫剂安全，随后于 1940 年获得了第一个瑞士专利；1942 年，商品 DDT 正式面市，主要用于植物保护和卫生方面。DDT 在第二次世界大战中开始大量地以喷雾方式用于对抗黄热病、斑疹伤寒、丝虫病等虫媒传染病，在全球抗疟疾运动中起了很大的作用。例如在印度，DDT 使疟疾病例在 10 年内从 7 500 万例减少到 500 万例。同时，对家畜和谷物喷 DDT，也使其产量得到双倍增长。

美国女科学家蕾切尔·卡逊本来是一个海洋生物学家，1958 年她看到朋友在来信中说，生活的小村镇听不见鸟鸣了，蜜蜂很少见了，果树产量降低了，母鸡孵不出小鸡，人也生些莫名其妙的病，春天出奇地寂静。敏感的卡逊，当时就觉得这可能是严重的自然生态失衡的问题。于是，她用了数年的时间进行调查，终于从小鸟和猛禽身上发现是 DDT 在作怪。DDT 进入食物链，最终会在动物体内富集。DDT 喷在树上，带药的枯枝、落叶凋落地面、进入土壤，蚯蚓吃了泥土，老鹰吃了蚯蚓，这种在生物体内难以代谢的化学物质通过食物链传递一级一级放大。由于氯化烃会干扰鸟类钙的代谢，致使其生殖功能紊乱，使蛋壳变薄，结果使一些食肉和食鱼的鸟类，如美国国鸟白头海雕，几乎因此而灭绝。一些昆虫也会对 DDT 逐渐产生抗药性，以对抗人类由于人口无节制增长而对自然界无休止的掠夺。基于此，许多国家立令禁止使用 DDT 等有机氯杀虫剂。在我国，由于长期使用这种有机氯农药，结果害虫产生抗性，越打越多，并造成人畜大量死亡。

1972年，美国国会率先通过立法禁止使用DDT。此后，各国纷纷效仿，从此DDT几乎成为环境污染的代名词。在DDT被禁用后，消灭疟疾的行动遭到沉重打击，疟疾很快就在第三世界国家中卷土重来。在今天的非洲国家，每年有1亿多的疟疾新发病例，有100多万人死于疟疾，其中大多数是儿童。于是，在2006年9月一次“并不很隆重”的新闻发布会上，世界卫生组织宣布，正式解除对DDT的禁令，重新启用DDT用于控制蚊子的繁殖以及预防疟疾、登革热、黄热病等在世界范围的卷土重来。

作为世界上第一个人工合成的有机农药，DDT的很多优点和缺点大家已有共识，例如DDT的杀虫谱广、制作简单、价格便宜、药效强劲持久，同时难以降解、能生物富集、能长途迁移以及对野生动物特别是鸟类和鱼类的生殖系统、神经系统和内分泌系统等有诸多危害等。

很多研究表明，DDT可能会影响人的神经行为和生殖健康，引发癌症，影响婴幼儿发育，导致免疫和DNA损伤等，但是相反的结论也很多，DDT对人体健康影响的证据还需要进一步的研究调查。总的来说，DDT危害人类健康的证据虽然还存在很多争议，但是由于DDT具有持久性有机污染物的4个属性（持久性、生物富集性、迁移性和毒性），而且历史用量多达200万吨以上，虽然禁用已40多年仍然在地球上无处不在，目前仍然可以通过食物链在人体中富集，因此DDT对人类的健康具有不容忽视的潜在的威胁。

从20世纪40年代大量使用DDT以来，有机氯对环境的污染不断加重，现在全球几乎任何地区的环境中均可检出有机氯。1982年我国也禁用了DDT，不过仍将其用于急性病媒防治、三氯杀螨醇生产和防污漆生产，直到2009年完全禁用，但仍然保留了紧急情况下用于病媒防治的可能。

目前杀螨剂的类型有很大发展，杀螨活性也有较大提高，还出现一些对捕食螨安全的杀螨剂，如哒螨灵、四螨嗪、双甲脒、炔螨特、噻螨酮、溴螨酯、三唑锡、阿维菌素等。这些农药属选择性杀螨剂，毒性低，对人畜、害虫天敌安全，杀螨持效期长。

4.4 除虫菊和拟除虫菊酯

除虫菊原产于地中海地区，被发现于塞尔维亚，是菊科的多年生草本植物。其胚珠内含类除虫菊酯物，是制造杀虫剂的原料之一。日本科学家上山英一郎利用除虫菊，将花叶干后制成粉末，发明了螺旋形蚊香来杀灭虫害和除臭。除虫菊是目前世界上唯一集约化栽培的杀虫植物。从除虫菊中提取的杀虫药——除虫菊酯是一种无公害的生物杀虫剂，对害虫有着击倒快、使用浓度低、杀虫广谱、害虫不产生抗性、对温血动物及人畜低毒、低残留等诸多优点。但由于其在光照及空气中不稳定（易分解）以及资源的短缺，其发展逐步陷入低迷状态。

20世纪20年代，埃里奥特博士合成了第一例拟除虫菊酯，30年代就有大量拟除虫菊酯类化合物面世。1973年，第一例对日光稳定的拟除虫菊酯——苯醚菊酯开发成功。埃里奥特博士合成的二氯苯醚菊酯、氯氰菊酯、溴氰菊酯比天然除虫菊酯活性要强，且对日光稳定，只要使用有机磷类农药或氨基甲酸酯类农药10%～20%的药量就能得到很好的防治效果。此后，拟除虫菊酯类农药的开发应用有了迅猛发展，成为继有机氯、有机磷、氨基甲酸酯后的另一大类新农药。由于不断地探索研究，通过引入新的基团进行分子结构优化和对同分异构体的组合、拆分，至今已有商品化的拟除虫菊酯类农药50余种，这类农药是迄今为止田间用药量最少的农药。

拟除虫菊酯是一类能防治多种害虫的广谱杀虫剂，可以用作杀虫剂和杀螨剂，其杀虫毒力比老一代杀虫剂如有机氯、有机磷、氨基甲酸酯类提高了10～100倍。拟除虫菊酯类农药的作用机制是引起神经细胞传导阻滞或重复放电，从而阻断神经传导。它对昆虫具有强烈的触杀作用，有些品种兼具胃毒或熏蒸作用，但都没有内吸作用。拟除虫菊酯因用量小、使用浓度低，故对人畜较安全，对环境的污染很小。其缺点主要是对鱼毒性高，对某些益虫也有伤害。

拟除虫菊酯类农药（主要是杀虫剂）比起天然除虫菊酯有着光稳性优点，并且对人畜毒性降低，但杀虫持效期短，要多次使用，经长期的使用发现害虫对这类农药易产生抗性，从而使其杀虫活性降低甚至完全丧失。

天然除虫菊酯和拟除虫菊酯类农药多属于低毒性和中等毒性，在光和土壤微生物作用下易转化为极性化合物，不易造成污染。例如，天然除虫菊酯在土壤中的残留期不足1天，拟除虫菊酯在农业作物中的残留期为7～30天。拟除虫菊酯在喷施时与果实、谷物直接接触，是造成其污染的主要原因。拟除虫菊酯类农药可经呼吸道、消化道和皮肤进入人体内，因为它们的蓄积性和残留量低，慢性中毒少见。生产性中毒常发生于田间施药时个人防护不当，农药污染衣物及皮肤而引起。这类农药对皮肤有刺激和致敏作用，可导致感觉异常（麻木、瘙痒）和迟发性变态反应，中毒表现为神经系统症状和皮肤刺激症状。拟除虫菊酯类农药的中毒症状为初期头疼、头晕、恶心、乏力、耳鸣、面部胀麻，后期有剧烈头痛、视物模糊、入睡困难、噩梦等症状以及中枢神经系统症状，自觉四肢乏力、肌束震颤，严重者每日发作抽搐多达10～30次，伴意识不清，发作间歇期神志模糊、精神萎靡、不思饮食。目前尚无特效的治疗药物，口服中毒者，应及早用2%碳酸氢钠或清水彻底洗胃。如出现抽搐症状，可用镇静剂对症治疗。

4.5 农药残留这点事

2012年4月11日，绿色和平组织发布报告称，该组织随机购买了吴裕泰茶业股份有限公司、张一元茶业有限责任公司、中国茶叶股份有限公司、天福茗茶、日春股份公司、峨眉山竹叶青、御茶园、海南农垦白沙绿茶等9家公司的18种茶叶。送检结果显示，茶叶样本全部有农药残留，检出的农药多达29种，其中超半数样本被检测出违法农药。继涂药黄瓜、有毒豇豆、“药袋”苹果等事件之后，这一报告再一次把我国食品农药残留问题带入消费者的视野。

为了应对人口增长，需要提高单位面积的粮食产量，这是当今农业面临的一个重要问题。农药广泛用于预防、消灭或者控制危害农业的病、虫、草和其他有害生物，以及有目的地调节植物和昆虫的生长。目前，世界上使用的农药原料达1 000多种。我国批准使用的农药包括200多种原料和近1 000种制剂，我国每年使用农药约100万吨，居世界之首。

农药在当今农业中的使用有其积极的一面：据估计，农作物在生长期因病、虫、草害造成的损失为30%～35%，收获后损失为10%～20%。如果农药使用得当，可大幅度减少损失量，提高农业生产的经济效益。另外，农药的使用对于提高绿化效率、减少虫媒传染病的发生、改善人类和动物的生活居住环境等方面也能起到有益的作用。

但是，农药广泛而大量的使用会对环境造成严重的污染，使环境质量恶化、破坏生态平衡，也会对人体造成多方面的危害，比如人直接摄入有农药残留的食物和水，饲料被农药污染继而导致肉、蛋、奶的污染，含农药的工业废水污染江河湖海进而水产品遭到污染等。这些年来，食品中的农药残留问题一直未得到有效的解决，危害严重，影响广泛，严重影响了消费者对我国食品卫生安全的信心。

农药残留是指由于使用农药而在食品、农产品和动物饲料中出现特定物质，包括农药本身的残留以及被认为具有毒理学意义的农药衍生物，如农药转化物、代谢物、反应产物和杂质的残留。

检验农药残留是否超标是根据其农药残留限量值，即按照农业规范使用农药后，允许其在农产品及食品中残留的最大浓度。

从食品毒理学检验的角度来说，离开剂量谈毒性是无意义的。不能说茶叶检测出来含有农残，就是不安全的，关键要看它是否在标准规定的范围内。当前，我国的相关标准与国际标准相比，还存在标准质量不高、滞后的问题。关于食品中农药最大残留限量的相关标准，以欧盟和日本最为严格，甚至总体上严于国际食品法典（CAC）标准。目前欧盟对茶叶进口的农药残留标准约有400种，而我国仅有20余种。2012年绿色和平的报告中采用了欧盟的标准来检测我国的茶叶。在此次检测发现的29项农药中，我国只对其中5种制定了茶叶上最大农药残留限量的标准。

2012年3月1日起，我国食品安全国家标准GB 2763—2012《食品中农药最大残留限量》正式实施，新标准是我国监管食品中农药残留的唯一强制性国家标准，涉及的食品种类比原来增加了近3倍，对农药残留的限制标准也由原来的837个大幅扩容至2 293个。其中，蔬菜水果等鲜食农产品的农药最大残留限量种类最多。新国标将茶叶定义为饮料类产品，与咖啡、代用茶同属一类，这表明之后上市销售的茶叶产品必须符合25项农残限量。也就是说，消费者在购买食物的时候可以关注一下生产日期，2012 年 3 月 1 日及以后生产的农产品和食品必须符合新国标要求。

与兽药残留不同，农药残留大多数可以通过加工生产和加热烹调等过程来去除。

食品在储藏过程中，农药残留量会缓慢降低。一些易挥发的农药如敌敌畏等在温度较高的时候其农药残留量降低得更快，但也要注意部分表皮残留的农药在储存过程也有向内部渗透的趋势。一些易于储存的蔬果，如冬瓜、土豆、山药等，可以先放到冰箱里存放几天，有助于农药残留分解。而不能长期储存的蔬果，如青菜等，也可以通过认真清洗来降低农药残留量。

洗涤可以除去农作物表面的大部分农药残留，而热水洗、淡盐水洗、淘米水洗、烫漂等通常能更有效地降低食品中高极性、高水溶性农药残留量。比如冲泡茶叶过程中采用“洗茶”和沸水冲泡，用沸水冲注茶叶，将壶中茶与水轻轻摇动数次，立即倒去茶水，这样的操作可以除去部分易溶于热水的农残物和重金属物质，使原本茶汤中少量溶解的毒性物质得以去除。对于蔬菜和水果，可采用“一洗、二泡、三烫、四弃”的方法。例如一些叶菜类蔬菜，不要切，将外围的叶片去掉，先用流水冲洗，再放入清水（或淡盐水）中浸泡 15 分钟左右，后再逐片用流水冲洗。对于草莓、毛桃等外表粗糙的水果，可先不去蒂，用流水不断冲洗，之后用淡盐水或淘米水浸泡 15 分钟后再用流水冲洗。淡盐水和淘米水可促进农药降解，也可以杀灭水果表面残留的一些有害微生物。

加工过程一般也可以不同程度地降低农药残留量。谷物碾磨加工去除谷皮后，大多数农药残留可以减少 70% ~99%。土豆去皮后，非内吸性农药几乎可以全部去除，内吸性农药如甲拌磷、乙拌磷也可分别减少 50% 和 35%。植物油加工过程的精炼工艺尤其是脱臭处理，能不同程度地减少农药残留量，如 DDT、敌敌畏、马拉硫磷等农残量可减少 70% 以上。果汁中的农药残留量一般较低，而带皮加工的果酱、果脯、干果、果渣等农药残留量较高。生产啤酒的原料大麦、啤酒花等常含有草甘膦、杀螟硫磷等农药残留物，但是生产过程中的过滤、稀释、澄清等工艺可以去除大部分农药，所以一般啤酒中的农药残留量较低。

但是，在某些特殊情况下，加工过程也可使农药浓缩、重新分布或产生毒性更大的毒物。比如，在我国酿酒葡萄主产区，夏秋多雨季节葡萄真菌病害容易发生，因此果农普遍使用农药防治病害。而葡萄酒生产过程无稀释工艺，农药残留量较高，尤其是带皮发酵的红葡萄酒。2012 年 8 月，《证券市场周刊》杂志将国内 3 家葡萄酒企业的 10 款产品送国家食品质量监督检验中心检测。结果显示，各款葡萄酒均检出多菌灵或甲霜灵农药残留。多菌灵和甲霜灵具有导致肝癌的风险，并且多菌灵为美国禁用的农药品种。

烹调对农药残留的影响与农药性质、时间、温度、失水量等有关。蔬菜中的农残量在烹调后可减少 15% ~70% 。一些绿叶菜如菠菜、茼蒿、小白菜等，还可在烹调前先用热水烫一下，这种“焯水”操作，不仅可以减少农药残留量，还可去除这些蔬菜中的植酸和草酸，利于提高矿物质营养素的吸收。煮饭、烘烤面制品（如面包、烧饼等）也可以不同程度地减少农药残留量。

由于受农药制剂的物理和化学性能局限，真正作用于作物上的农药仅占施用量的 10% ~30% ，其余 20% ~30% 进入了大气和水体，50% ~60% 残留于土壤中。甲胺磷、呋喃丹类的剧毒农药残留在土壤中，60 年内都无法降解。常年打药使得杂草和病虫害的抗药性越来越强，农民就不得不打更多的药来控制，而杂草和病虫害的抗药性就进一步增强，如此形成恶性循环。农业药剂的滥用带来了巨大的农产品安全隐患，时不时爆出的农药残留超标问题、蔬菜中毒事件让人心有余悸。更让人担心的是尚未被发现和认知的危害，如农药残留在体内的蓄积，可能导致器官病变，产生变态反应、过敏反应、免疫抑制等问题。

当“菜篮子”变成了“药丸子”，生产者、消费者、研究人员、监管部门都唯有一声叹息。从种植技术、田间管理、病虫害防治、采收、加工到运输管控的整体水平都得到提高，才能有效地解决药物残留问题。这需要政府加大对农业有害生物的预警系统、防治系统的整体投入，建立病虫害监测预警与防治技术支撑的服务体系；需要科研人员加大有机农药和生物农药等低毒、高效农药的研制推广；需要生产者学习、掌握科学的种植技术和病虫害防治技术；而对于消费者，也需要花一些时间来了解这些知识，提高辨别能力，主动选择无残留、无污染、无疫病的食品以促进食品行业的健康发展。

5 林林总总的加工食品

人类最初的饮食方式，同一般动物没有多大区别。没有火，更不懂得烹调。饿了，就吃野果及鱼虫鸟兽之肉；渴了，就喝动物的血、江河的水。钻木取火的发明，使人类学会了使用火，从此也就告别“茹毛饮血”，进入熟食时代。随后，烹饪技艺也就逐渐发展起来。现代社会，在人们对食品的要求从数量转向质量的渐变过程中，“新鲜、营养、方便、安全”成为新的目标。除传统的煎炸烹煮之外，干制、腌制、速冻、膨化、发酵等食品工艺技术为我们提供了多种多样的加工食品。这些加工食品简化了我们的烹煮劳作，延长了食品的保质期限，丰富了我们的餐桌。但是，加工食品也带来种种争议和困惑，比如会不会破坏食品的营养价值，会不会增加食品中的有害物质，其安全性如何保障等。

5.1 方便面的瘾念

方便面又称泡面、杯面、快熟面、速食面、即食面，南方一般称为碗面，香港则称为公仔面，是一种可在短时间之内用热水泡熟食用的面制食品。顾名思义，方便面的最主要特点就是“方便”了。作为一种典型的简易快餐食品，方便面具有便宜、好吃、易得、保存时间长的特点，只需要一杯开水就可以填饱肚子。

1957 年，日本日清公司推出了最早的工业化方便面——“鸡味方便面”，由传统的面条和拉面加入一些食用油后经过脱水处理制成，这是一种着味方便面，不另外添加调味包。1962 年，日本明星食品和东洋水产两家公司几乎同时推出了另外添加调味包的方便面。1969 年，明星食品首先推出非油炸方便面。1970

年，日本的国民生产总值开始居世界第二位，日常消费也开始出现重大转变。次年，日清公司开始推出84克的碗装方便面。目前，工业化的方便面是以面粉为主要原料，经和面、熟化、复合压延、折花切条制得生面，再经蒸煮机蒸煮使其充分糊化，然后经油炸或热风干燥脱水来保持α化度，最后冷却并配上一定调味包包装的产品。食用时只需用开水冲泡3～5分钟，加入调味料后便可得到不同风味的面条。

日清公司当时发明方便面时提出五大目标：美味好吃、食用简便、保存性好、价格便宜适当和产品安全卫生。正是由于具备这些特点，方便面迅速占领日本市场，并发展到了世界上许多国家和地区。目前消费方便面最多的国家是中国，其后依次为印度尼西亚、日本和美国。

方便面按工艺划分主要有油炸方便面、非油炸方便面、湿法方便面三种。按包装方式可分为袋装、杯装和碗装。按产品风味可分为中国、日本、韩国和欧洲风味等多种，中国的以牛肉、鸡肉、排骨和三鲜等风味为主，日本的以酱油风味为主，韩国的以辛辣味为主，欧洲风味则主要以西红柿酱面为代表。随着现代食品加工工艺的发展，方便面口味更加多样，既可以用作夜宵果腹，也可以作为零食或正餐食用，深受人们的喜爱。

然而，2012年的一则报道竟然将方便面与癌症联系了起来。一位年仅24岁的女大学生小李是一个土生土长的黑龙江女孩，自幼懂事，学习也刻苦努力。自从上大学后，为了节省开支替家里省下些生活费，小李总是饥一顿饱一顿，觉得饿就多吃点，不饿的时候甚至不吃早饭。有时学习到深夜，就泡方便面来填饱肚子。近一年来，为了准备研究生考试，小李更是没日没夜刻苦学习，方便面也就成了她的生活必备品，在考试前的一个月内她更是连续吃方便面。由于长期不良的饮食习惯和不规律的作息方式，加之平日对胃部疼痛的轻视，当小李来到医院检查时，被医生确诊已为胃癌晚期。

吃了一个月的方便面就真的会致癌？肿瘤科专家指出癌症的发生发展是一个漫长的过程，该女生患癌确定为吃方便面引起并没有太多依据。但是，年轻人患胃癌的致病原因的确主要是环境因素，如不良的饮食习惯和不规律的作息方式，特别是进食过多的油炸食品；其次是因长期工作压力大、精神紧张导致的精神因素、内分泌因素和幽门螺杆菌感染等生物因素。

方便面的主要成分是小麦面粉、棕榈油、调味酱和脱水蔬菜叶等。从食品营养与安全角度来讲，方便面并不适宜多吃，主要有以下几个原因：

1）油脂含量高，平均每份所含油脂为16% ~18%；尽管现在很多方便面都号称不是油炸的，但多少都会含有食用油，因此，放置的时间一长，方便面中的油脂就会被空气氧化分解，生成有毒的醛类过氧化物。吃了这种油已变质的方便面，会给人带来意想不到的麻烦，比如引起头晕、头痛、发热、呕吐、腹泻等中毒现象。

2）含有增稠剂、稳定剂、抗氧化剂等添加剂。

3）高盐含量。一包方便面（含料包）含盐6克左右，而我们每人每天推荐的食盐的摄取量也是6克，所以，方便面含盐量明显偏高，吃盐过多易患高血压，且损害肾脏。

4）一些油炸方便面中含有致癌物质苯并芘等。

因此，方便面虽然方便、省时、便宜，也只能作为快餐食品偶尔食用。方便面最好冲水后把面汤倒掉，再续上水或汤，以减少盐分和其他有害物质。最好不要把调味品全部放入，只放一半即可。正常成年人每周吃1 ~2包并无大碍，但方便面只适于救急，一天最多吃一次，不能天天吃。我们应坚持合理健康的膳食结构，多吃新鲜的蔬菜水果，增加纤维膳食，多吃豆制品，适当减少脂肪和胆固醇摄取量，并加强体育锻炼、保持心情舒畅，以促进我们的身体健康。

5.2 杞人忧天

河南省开封市杞县利民辐照中心于1997年成立，其业务是用钴-60放射源对方便面调料包、辣椒粉等进行辐照灭菌。放射源通常被放在墙壁厚达2米的水井辐照室内，用时提出，用完放回。

2009年6月7日，中心的辐照装置运行时货物意外倒塌，导致放射源保护罩倾斜，钴-60放射源被卡住，无法回到水井中。1周后，由于放射源的长时间照射，接受辐照加工的辣椒粉自燃。几小时后，火势得到控制。随后开封市政府召开新闻发布会，通报相关情况：安全无事，正在处理。环保部也发布通告，卡源事故不会造成环境污染。然而就在发布通告的第二天，却有谣传称辐照中心钴－60将爆炸，致使许多群众逃离家乡，前往附近县市“避难”。当地政府随后召开新闻发布会，专家出面辟谣，警方抓获5名造谣者，大部分群众返回家中。

河南杞县利民辐照中心不但在1个多月的时间里成为新闻热点，也把“辐照技术”这个陌生的专业术语带到了公众面前。

随着辐照技术的应用范围浮出水面，人们不禁发问，什么是辐照？我们日常食用的哪些食品是经过了辐照的？放射性物质辐照过的东西人吃了安全吗？

食品辐照技术是于20世纪发展起来的一种灭菌保鲜技术，以辐射加工技术为基础，运用X射线、γ射线或高速电子束等电离辐射产生的高能射线对食品进行加工处理，达到杀虫、杀菌、抑制生理过程、提高食品卫生质量、保持营养品质及风味、延长货架期的目的。辐照还能杀死食品中的昆虫以及它们的卵和幼虫。

辐照杀菌的最大优点是能彻底消灭微生物，防止病虫危害。射线穿透力强，可在不打开包装的情况下进行消毒。此外，辐照杀菌还能延长食品和农产品的保存时间，如辐照后的粮食3年内不会生虫、霉变；土豆和洋葱经过辐照后能延长保存期6～12个月；肉禽类食品经辐照处理，可全部消灭霉菌、大肠杆菌等病菌。

目前，我国约有近100种辐照食品通过了鉴定，早在1998年之前国家就已颁布批准了粮食、蔬菜、水果、肉及肉制品、干果、调味品等6大类固态辐照食品的卫生标准，在28个省、市、自治区建立了50多个商业化规模的辐照装置。另据中国核农学会早前的调查显示，2005年我国辐照食品产量就已达到14.5万吨，占世界辐照食品总量的36%，产值达到35亿元。

那么辐照食品对人们的健康到底有危害吗？为什么有的消费者对辐照食品的安全性感到担忧呢？

联合国粮食及农业组织、世界卫生组织、国际原子能机构组织的辐射食品卫生安全联合专家委员会于1980年认定，在10千戈瑞（kGy）（戈瑞是吸收剂量单位，指每单位质量的被照射物质所吸收的射线能量，1戈瑞＝1焦/千克）剂量以内辐射任何食品，大量卫生安全实验证明，辐射后的食品安全、可供食用，不会引起营养和微生物方面的问题。

从理论上讲，食品中的主要元素碳、氢、氧、氮等要在辐照后诱发放射性，需要10兆电子伏（MeV）以上的能量，且所生成的同位素的寿命非常短。我国辐照食品多用的钴-60γ射线的能量只有1.33兆电子伏和1.17兆电子伏，根本不会产生影响。根据英国科学家在1966年的研究结果，24小时的钴源照射，所产生的感生放射性仅仅是食品本身所具有的天然放射性的0.000 05%。

消费者的担心源于对辐照食品的误解，这主要表现在两个方面。首先是认为辐照食品可能有放射物质残留。其实采用辐照技术处理食品时，食品本身不直接接触放射源，受到的仅仅是放射源产生的γ射线（电磁波）的作用，不可能沾染上放射性物质并产生残留。简单说，虽然用来处理食物的辐照射线能够致癌，但辐照过的食物并不因此有害。其次“辐照食品”和“放射性污染的食品”不是一个概念。核事故造成放射性的灰尘飘在空中，落在食物上，致使食物的放射性水平增高，食用这种食品肯定是有害的；而辐照处理的食品只是射线照射食品，食品本身和放射源没有接触，不可能由此造成污染。

每种食品都有不同的辐照剂量标准，只要严格执行合理的剂量标准，辐照食品的安全性是可以保障的，但由于监管程序不够规范，比如有些脱水蔬菜、辣椒粉作为原材料已辐照过，作为调料包又再次接受辐照，就会造成不必要的“二次辐照”，有关部门对此要加强协调和监督，但这和辐照食品本身的安全性没有关系。

近些年来，食品安全事件频发，人们对此保持高度的警惕性无可厚非。辐照食品——这个听起来陌生的名词，让人们实实在在地产生了天然反感。不过因此而过于担忧辐照食品的安全性，实属杞人忧天。

5.3 清凉世界

随着生活水平的提高、生活节奏的加快，速冻食品受到越来越多消费者的青睐。在超市中各种速冻食品琳琅满目，饺子、馄饨、粽子、汤圆、馒头应有尽有。

速冻食品，是一种以低温快速冻结方式生产的食品，是将需速冻的食品，经过适当的前处理，通过各种方式急速冻结，经包装储存于 -20 ~ -18 摄氏度下（一般要求，不同食物要求温度不同）的连贯低温条件下送抵消费地点的低温产品。

速冻食品主要分为四大类，即速冻果蔬食品、速冻畜禽食品、速冻水产食品和速冻调理食品。速冻食品品种繁多、食用方便，从副食到主食，从盘菜到小吃，样样俱全，既能调节季节性供需平衡，又能减轻家务劳动负担，并且成本较低，为习惯快节奏生活的人提供了方便。

人们利用低温条件来保存食品的历史，可以追溯到古代。早在公元前 1 000 多年，我国劳动人民已经开始利用天然冰雪来储藏食品。但速冻食品起源于美国。19 世纪 20 年代，美国的一位发明家在进行一次野生植物普查的时候发现，由于极度寒冷的天气，他捉住一条鱼后一会儿鱼就被冻硬了。他就很想知道，这究竟是不是食品保存的关键所在。而当时正是冷冻机发明的时代，回去后他就开始用冷冻机做实验，试冻了各种不同类型的肉。他发现，冷冻能更好地保存肉的营养并保证食品的安全性。冷冻食品就是这样诞生的。

一般而言，温度降低时，微生物的生长速率降低，当温度降低到 -10 摄氏度时，大多数微生物会停止繁殖，部分出现死亡，食品的安全有了保证。并且速冻食品由于降温速度快，冻结的过程中食物细胞的破坏比较小，从而可以保持食物被冻前的状态。不过速冻后，食物中的脂肪会缓慢氧化，维生素也在缓慢分解。所以，速冻食品的营养价值还是不如新鲜的鱼、肉等。

种种科学论证表明，速冻食品的安全、营养在理论上是有保障的，但事实并非完全如此。速冻食品的微生物超标问题也时有发生，速冻食品原料的选择、添加剂的使用、速冻的工艺以及冷链的保障都存有一定的安全隐患。

食品添加剂的滥用是我国食品行业中一个普遍的现象。而在日本等其他国家，食品生产都在追求尽可能接近自然，添加剂则是“能不用尽量不用，能少用尽量少用”。在我国水产海鲜类食品里，保水剂、防腐剂用得比较多，其实冷冻本身就是一种保鲜工艺，不需要添加防腐剂之类的物质。

冷链运输不制冷的情况在国内也比较普遍，同时国内物流装卸设备的落后也影响着速冻食品的质量。装卸的时间越短，对速冻食品温度的影响就越小。国外采用比较自动化的装卸设备，在40分钟内就能完成装卸工作，而在国内靠人工，可能需要3~4小时。速冻和冷冻保存只是停止了食物中的生化反应和细菌生长，并没有杀死其中的细菌。如果把食物反复化冻，那么就会在其中积累越来越多的细菌，最终造成微生物超标。

目前，冷冻食品散装散卖现象也还比较常见，但散装速冻食品容易发生“二次污染”问题。散卖的速冻食品长时间暴露在空气中，加之开柜经营造成温度升高，易使水分蒸发、油脂酸败、微生物繁殖；许多消费者在选购食品时不使用专用售货工具，即使使用也是用完随手一扔；有的超市无存放售货工具的位置，只能跟商品混放在一起，手接触的部位就会直接污染食品；消费者购物时说话、咳嗽、打喷嚏，细菌和病毒可通过空气飞沫传播，这些行为都成为速冻食品安全的隐患。

普通消费者在选购冷冻食品时，应该到冷冻设备良好的食品商店购买有良好信誉的厂家生产的冷冻食品。一般来说，超市的冰柜都是敞开的，温度很难保持在冷冻食品保质所要求的-18摄氏度，而冰柜底部的温度较为恒定，所以拿放置在靠下层的冷冻食品较好。购买时一定要查看生产日期，越“新鲜”的冷冻食品越可靠，最好是1个月内出厂的产品。此外，还要注意观察袋内食物，如果有游离的冰屑，则表示该冷冻食品已经被解冻过，安全系数大大降低，不要购买。买回家的冷冻食品如果不是马上下锅，应该立刻放入冰箱的冷冻室。

5.4 爆米花的诱惑

爆米花是一种古已有之的美味零食，起源可上溯到宋代。在新春来临之际宋人用爆米花来卜知一年的吉凶，姑娘们则以此卜问自己的终身大事。民间习俗中，农历二月初二是天上主管云雨的龙王抬头的日子，这一天人们都要吃爆玉米花，“金豆开花”的爆米花用以乞求龙王为人间降雨。爆米花浓浓的香味，让许多人欲罢不能。记得小时候看见爆米花的车就赶紧地回家拿米，期待地看着大爷在炉火上旋转着“黑葫芦”，当快要撬开阀门的时候，一群小孩子就捂着耳朵赶快跑到一边，当巨响过后，又争先恐后跑过去抢着吃爆米花。

我国传统的爆米花机是“大炮手摇爆米花机”，而用老式爆米花机制作爆米花也被形象地称为“崩爆米花”。我国司空见惯的这种爆米花机还引起了美国人的好奇，2013 年 1 月登上了美国 Discovery 探索频道的著名节目《流言终结者》。在视频中，美国主持人架起防弹玻璃，穿上防爆衣，还在撬盖释放压力的时候，将“黑葫芦”口对着天花板，以致砰的一声巨响过后，漫天都是煳了的爆米花，摄影棚里被弄得一团糟，观众们也被逗得乐不可支。

“崩爆米花”正是一个典型的膨化食品加工过程。将大米、玉米或其他谷类食品置于封闭的爆机中加热，随着爆机内的温度不断升高，爆机内的压力也在不断增大。米粒逐渐变软，谷物产生大量的水蒸气。伴随温度的不断升高，水蒸气的压力使已变软的米粒膨胀。由于米粒内外的压强是平衡的，米粒并不会在锅内爆开。当达到一定的时间时，将爆机的口移到备好的长形口袋里，然后猛地撬开爆机盖，随着砰的一声巨响，爆机内的大米被突然释放在常温常压下，瞬时恢复至常压状态，因水分急剧蒸发，食物内部组织发生变化，成为比原先体积膨大若干倍的多孔状物体，这时爆米花就做好啦。

膨化食品，又称挤压食品、喷爆食品等。除了爆米花，雪饼、薯片、虾条等也属于膨化食品。这些膨化食品是以谷类、豆类、薯类和蔬菜等为原料，通过膨化设备（如螺杆挤压机等），同时在高温、高压、短时的条件下对食品进行机械处理和热处理。膨化过程中，当到达一定高压而启开膨化器盖时，高压迅速变成常压，这时粮粒内呈过热状态的水分便一下子在瞬间汽化而发生强烈爆炸，水分子可膨胀约 2 000 倍，巨大的膨胀压力不仅改变了原料的外形、状态，而且改变了原料中分子结构的性质，比如可以将不溶性长链淀粉切短成水溶性短链淀粉，于是膨化食品中的不溶性物质减少了，水溶性物质增多了，内部的组织结构也变得多孔蓬松，口感香脆、酥甜。

粗粮经膨化后，粗硬组织结构受到破坏，再也看不出粗粮的样，吃不出粗粮的味，口感变得柔软，食味得到改善，并且粗粮经膨化后已成为熟食，可以直接用开水冲食，或制成压缩食品，或稍经加工即可制成多种食品，食用简便、节省时间。同时，膨化过程对食品的营养影响较小，膨化食品的营养成分保存率和消化率都比较高。粮食经膨化，等于进行了一次高温灭菌，膨化粉的水分含量都降低到 10% 以下，这样低的水分，限制了虫、霉滋生，加强了食品在储存中的稳定性，适于较长期储存，并宜于制成战备军粮。

虽然膨化食品风味多样、味道香甜，但还是不要吃太多，因为可能对我们的健康存在一定的潜在危害。现在很多膨化食品为了追求口感，普遍具有高油脂、高热量、高糖等特点，不宜长期过多食用。特别是少年儿童正处于身体发育阶段，更要注意合理膳食、均衡营养。如果在饭前大量进食膨化食品，容易造成饱胀感，影响正常进餐。

通常膨化食品的含铅量比较高，这是因为食品在加工过程当中要通过金属管道，而金属管道材质中通常会有铅和锡的合金，在高温的情况下，其中的一部分铅会变成铅蒸气进入膨化食品中。铅具有蓄积性，一旦进入人体很难排出。血液里铅含量高时，会影响神经系统、心血管系统、消化系统和造血系统，造成精神呆滞、厌食、贫血、呕吐等症状。儿童对铅的解毒功能尤其弱，易发生慢性铅中毒，造成食欲下降、腹泻、烦躁、牙龈发紫以及生长发育缓慢等现象。因此，为了孩子的健康应少让他们吃膨化食品，而且最好不要让孩子在空腹的情况下食用。

另外，街头一些小贩为了省钱用铝锅炒爆米花时，会使用氢化植物油制成的植物奶油代替黄油，而且加上了各种各样的香精和着色剂。比如，为了让食物带有一种明显的黄油味道，会添加双乙酰；添加各种着色剂，如靛蓝、柠檬黄、日落黄等，食用过量或长期食用都会引起腹泻、致癌等，对人体有害；还有一些抗氧化剂，长期食用也会对人体产生毒性。

对于膨化食品，消费者在购买时，应首选大型商场、超市销售的知名企业生产的产品。购买时特别注意产品的生产日期，选择保质期内的产品，最好是近期生产品。包装的膨化食品质量普遍较好，而散装销售的膨化食品由于裸露在空气中容易造成酸败和卫生指标超标，因此应尽量选择购买密封包装的膨化食品。

5.5　臭出来的美味与迷思

世上有些奇妙的美食，能让喜欢的人嗜之如命，却又能让不喜欢的人闻之则逃，比如西方的奶酪、日本的纳豆、印尼的天培。在我国传统饮食文化中，也有不少以“臭”闻名的美味，比如长沙臭干子、安徽臭鳜鱼、宁波三臭（臭冬瓜、臭苋菜梗、臭菜心），当然也包括被赐名为“青方”的北京王致和臭豆腐。这些食物所具有的独特的硫化合物的浓烈臭气，主要来自于其原材料（肉、豆等）中含硫蛋白质的发酵分解。虽然气味冲鼻，但这些发酵食品却能增进食欲和助消化，某些营养保健功能甚至超过其生产原料。

光绪年间大学士孙家鼐曾为王致和酱园题诗云“致君美味传千里，和我天机养寸心”，以赞扬王致和腐乳的独特风味和营养价值。臭豆腐的特点是色泽清淡，外包一薄层絮状长毛菌丝，质地柔软而块形完整不碎，口味细腻而后味绵长。这种闻着臭的豆腐，吃起来倒是香软。

所谓发酵，其实就是微生物的生长和微生物分解有机物质的过程。以王致和臭豆腐的制作为例。它是以大豆为原料，黄浆水、黄酒、食盐及各种香辛料等为辅料，经泡豆、磨浆、滤浆、点卤、前期发酵、腌制、灌汤、后期发酵等多道工序制成的。首先将大豆制成含水分 65% 左右的豆腐干，切成小块的豆腐坯；然后在室温 20 摄氏度、相对湿度约 90% 的条件下进行自然发酵。几天后，坯表面长满浓密洁白如棉絮状的菌丝，前期发酵即完成。将带菌膜的豆腐坯每块分开后，放入腌坯缸中，放一层豆腐毛坯撒一层精盐，再加入花椒等香辛料腌制2 ~3 天；再加黄浆水及精盐浸泡，放在温度约 37 摄氏度的室温中进行后期发酵，经过 3 ~4 个月，即成熟为色味优美的臭豆腐乳。

可以看出，臭豆腐的制作过程中经过了两次发酵。其前期发酵主要就是微生物的生长过程。这个阶段，大量丝状的毛霉生长，看上去豆腐坯上长了许多长长的白毛，同时还有很多其他种类的微生物在生长，比如乳酸菌。乳酸菌能够产生乳酸，可延长臭豆腐的保存期限，并且使臭豆腐具有一些调节肠道菌群和促进消化的功能。其后期发酵主要是微生物分解豆腐坯中蛋白质、脂肪、淀粉等有机物的过程。在长达 2～3 个月的缓慢发酵过程中，蛋白质分解出氨基酸，脂肪分解出游离脂肪酸，淀粉分解出低分子的糖类。在发酵过程中，还能合成一些原料大豆中没有的营养素，如维生素 B_{12}。维生素 B_{12} 具有促进人体的造血和营养神经的作用，一般存在于乳制品和动物制品中，而在大豆等植物性食材中并不存在。许多严格的素食者如果适当摄入发酵豆制品，可以有效避免体内缺乏维生素 B_{12}。

王致和臭豆腐与南方流行休闲小人食“臭干子”是两种不同的食品。王致和臭豆腐不能油炸，老北京人喜欢将它搭配葱花、香油与玉米面窝头同食，也可以作为馒头和大饼等面食的蘸料。长沙的臭干子是将豆腐干用黑豆豉（或卤水）煮沸，冷却后加香菇、冬笋、白酒等佐料，浸泡发酵 15 天左右，底料便会生出一股浓郁的臭香，汤水也变成了墨绿色，豆腐干也会表面生出白毛、颜色变灰，延长浸泡时间，豆腐干的颜色逐渐加深。这豆腐干初闻臭气扑鼻，用油锅慢慢炸，直到颜色变黑、表面膨胀以后，就变得浓香诱人，捞出后浇上辣椒、香油，即成芳香松脆、外焦里嫩的臭干子。

这些经发酵而臭的美味既是“臭名远扬”，也能“香飘十里”，令人闻之则食指大动。但是，考虑到前面介绍的这些食物漫长的发酵过程，嗜食者也不由得心中打鼓——我吃的这些臭臭的食物真的是这么做出来的吗？会不会有制作者另辟“捷径”造假？

发酵食品风味独特、营养丰富，但是其制作方法和制作条件却相对严苛。一方面需要控制发酵温度、湿度来适应相关微生物的生长；另一方面还需要较长的发酵时间，短则十几天，长则数月，生产成本较高。一些商贩为了逐利，则会采取一些手段来走“捷径”，非法添加硫化钠（硫化碱）、硫酸亚铁（青矾、绿矾），甚至用泔水、臭鸡蛋、腐肉水、霉料水来浸泡。

硫化钠又叫臭碱，它溶于水后，会产生臭味。硫化钠与硫酸亚铁可以发生反应而变黑，并具有硫化物的特殊臭味。采用这种方法只需两三天就能制成臭豆干，并且从色泽和嗅觉上与传统方法产品不易分辨出来，成本极低。硫化钠是一种工业用化学品，在染料、印染、制革和纺织工业中多见，可以用于生产硫化染料及溶解硫化染料的助染剂、纸张的蒸煮剂等。硫化钠在空气中易于潮解，同时逐渐发生氧化作用，遇酸会分解而产生有毒的硫化氢气体。硫化氢是一种神经毒剂，其毒作用的主要靶器是中枢神经系统和呼吸系统，亦可伴有心脏等多器官损害，对毒作用最敏感的组织是脑和黏膜接触部位。因此，食用含有硫化钠的食品会在胃肠道中分解出硫化氢，引发硫化氢中毒，导致胃肠道损伤。2008 年卫生部发布的《食品中可能违法添加的非食用物质和易滥用的食品添加剂品种名单（第一批）》中明确规定硫化钠属于违法添加的非食用物质。

硫酸亚铁是硫酸法生产金属产品过程中的一种副产品，主要用于铁盐生产、氧化铁颜料、媒染剂、净水剂、防腐剂、消毒剂等；在医药上可用于治疗缺铁性贫血症；也用于在食物中加铁，但是长期超量使用可能会引起腹痛、恶心等副作用。因此，其作为食品添加剂的使用范围和使用量受到严格限制，我国规定硫酸亚铁可作为营养增补剂（铁质强化剂）和果蔬发色剂，用量为 0.02% ~0.03%，如用作黑豆、糖煮蚕豆、海带等的发色剂。臭豆腐在发酵过程中会产生少量的硫酸亚铁，不需要额外添加。从外观颜色上判断，正常的臭豆腐颜色比较淡，而单纯添加绿矾和硫化钠来“化学速成”的臭豆腐的黑绿色较深，比较容易区分开来。

而添加了泔水、臭鸡蛋和腐肉水等浸泡制得的臭豆腐（臭干子）油炸后，外形、气味和正常臭豆腐相似，很难区分。这些臭水中存在大量的有毒有害物质（如硫化氢、尸胺、腐胺等）和致病菌，用于浸泡不仅会导致臭豆腐受到化学性污染，还会导致食物遭受微生物污染，使得食物易于滋生大量的有害菌且更易于腐败变质。

5.6　承载生命之舟的水

水是人体重要的组成部分，占一个健康成年人体重的60% ~70%，在生命活动中发挥着重要的生理功能。水摄入不足或水丢失过多，可引起体内失水亦称脱水。当失水达到体重的 2% 时，会感到口渴，出现尿少；失水达到体重的 8%，为重度脱水，会出现皮肤黏膜干燥、高热、烦躁、精神恍惚等；失水超过体重的10%，可危及生命。

人体对水的需要量变化很大，主要受代谢情况、年龄、体力活动、温度、膳食等因素的影响。一般来说，健康成人每天需要水 2 500 毫升左右。在温和气候条件下生活的轻体力活动的成年人每日最少饮水 1 200 毫升（约 6 杯）。

现在，人们可以在商店里买到各种纯净水、矿泉水以及柠檬水、碳酸水、维他水、果汁等各种含水饮料，水也成了一种加工食品。

饮用水质的好坏关乎人们的健康和生命安全。绝大多数饮料产品都含有 80% 以上的水，饮用饮料可以补充人体所需的水分，同时带来愉悦的味觉感受。但是大部分饮料产品都含有糖分，都含有一定能量，因此不宜摄入太多的饮料。从水的最主要功用——满足人体内水分需求来说，白开水是最符合人体需要的饮用水，具有洁净无菌、制取简单、经济实惠等优点。

然而 2013 年 1 月，一则“北京研究饮用水水质夫妇已 20 年不喝自来水”的新闻则引起人们对自来水水质的极大担忧。这对北京城里“最会喝水的家庭”里，丈夫在国家发改委公众营养与发展中心饮用水产业委员会工作，妻子赵飞虹是北京保护健康协会健康饮用水专业委员会负责人，长年的水质研究，让他们养成自来水不碰嘴唇的习惯。“我们上周刚测了，自来水中硝酸盐（以氮计）的指标已经达到每升九点多毫克了。”2012 年圣诞节这天，赵飞虹对南方周末记者说，虽然这一指标未超过国家标准规定的 10 毫克/升的标准值，但已经很接近了，“五六年前，这个指标还在 1 ~ 2 毫克/升，就在 2011 年还只有四点几。”自来水中的硝酸盐主要来自垃圾、滤液和粪便，而这不过是诸多指标中的一个而已。多年来，赵飞虹检测发现，北京自来水的水质在逐渐变差，“这是不争的事实”。在这对夫妇的影响下，他们身边的亲朋好友也戒了喝自来水的习惯，成了超市里矿泉水专柜的常客。

我国古人也常以泉水为饮，对水质优劣历来十分重视。清代的乾隆皇帝取全国名泉之水，用特制的银斗进行鉴定，结果北京西郊的玉泉泉水最轻，含杂质最少，水质最好，便命名为“天下第一泉”。还写了《御制天下第一泉记》，刻碑立石，其中有“水之德在养人，其味贵甘，其质贵轻。朕历品名泉，实为天下第一的”名句。

现在常见的市售饮用天然矿泉水，也对水源水有很高的要求：应为从地下深处自然涌出的或经钻井采集的，含有一定量的矿物质、微量元素或其他成分，在一定区域未受污染并采取预防措施避免污染的水。饮用天然矿泉水的加工工艺并不复杂，选取合适水源后，将水源水进行粗滤、精滤、杀菌、灌装封盖，质检合格后即制得市售的矿泉水了。

人们在家里或者办公室里，有时也会购买一些桶装纯净水。纯净水的加工工序相比天然饮用矿泉水，还多了一道去离子净化工序，如离子交换、反渗透、蒸馏等，这样获得的纯净水中去除了各种金属离子。相比矿泉水，也就缺少了一些有益矿物质的供应。对于桶装水来说，由于需要多日才能喝完，在长时间放置过程中容易滋生细菌。因此，桶装水应放在避光、通风阴凉的地方，避免在阳光下暴晒。一旦打开，应尽量在一周内用完，气温较高的夏季更不能久存。同时，因为长期使用，饮水机的储水胆、水道、出水口就会沉积污垢，也会造成桶装水二次污染。

现在，人们饮用矿泉水已不仅仅是追求口感，而是寻求饮用水的安全卫生了。人们也不宜饮用未经消毒过滤处理过的生水，如河水、溪水、井水、库水等，这些水体中不同程度地含有各种各样对人体有害的微生物及人畜共患的寄生虫，直接饮用可能会引发急性胃肠炎、伤寒、痢疾及寄生虫感染等疾病。蒸饭、蒸馒头的剩锅水，其中原有的重金属和亚硝酸盐会浓缩而含量增高，所以也不宜饮用。

现代生活中我们已经很难离开加工食品。虽然越来越多的人崇尚自然、推崇天然食品，但是盲目贬低加工食品也有失公允。天然食品并不见得就比加工食品安全，比如蜂蜜，天然蜂蜜中可能含有有毒花粉、生物碱和肉毒梭菌等有害微生物，经过去毒、灭菌等加工处理后的蜂蜜更为安全。从营养品质上来说，天然食品也不见得优于加工食品，比如发酵豆制品与原料大豆相比，其所含的蛋白质更易被消化吸收。我们依靠科技进步过上了现代化的生活，也可以努力通过科技进步解决其带来的弊端，这应该是我们看待加工食品的正确态度。

6 保健食品

多样化的需求刺激着保健食品市场产品的多样化，高回报更促进了保健食品行业的急速发展，广告业的发展更是起到推波助澜的作用。后来居上的美容减肥产品，也成为拉动保健食品的一个新增长点。从20世纪80年代末起，在这短短的30年间，我国保健食品行业已经迅速发展成为一个特殊的行业。然而，管理体制落后、企业追求短期利益、消费者消费观念错误以及保健食品行业背后的种种乱象使得保健食品行业处于严重的信用危机中。现实生活中，很多消费者对保健食品的了解还是很有限的，比如对保健食品特点、功能和适应人群等都并不了解；消费者在选购时，考虑较多的因素就是广告和价格。面对种类繁多、价格不菲的产品，消费者应掌握更多关于保健食品的知识，以正确选购适合自己的保健食品。

6.1 认识保健食品

所谓的保健品、营养品、滋补品等其实都是保健食品的俗称。关于保健食品的概念及名称长期以来并没有确定的评论，世界各国依照各国的理解，有很多不同的认识。

“功能食品”一词最早由日本提出，早在1962年，日本厚生省的文件中给功能食品下了定义：“功能食品是具有与生物防御、生物节律调整、防止疾病、恢复健康等有关的功能因子，经设计加工，对生物体有明显调整功能的食品。”

1990年，日本将“功能食品”改为“特殊保健用途食品”。韩国曾称保健食品为“疗效食品”，德国将此类食品称为“改善食品”，欧美各国普遍采用“健康食品”或“功能食品”的说法；此外，国际上还有营养食品以及美国科学家提出的“药用食品”的称谓。

1997年5月1日，我国颁布实施的《中华人民共和国保健（功能）食品通用标准》规范了保健（功能）食品的定义。该标准规定：“保健食品是食品的一个种类，具有一般食品的共性，能调节人体功能，适于特定人群食用，但不以治疗疾病为目的。”所以对保健食品的理解应包括下列五个要素：

1）在属性方面，保健食品必须是食品，必须无毒，符合食品应有的色、香、形、质等要求，而且在日常膳食中可望达到的消费量就能显示效果。

2）在成分和加工方面，它可以是含有某种成分的天然食品；也可以是食物中添加了某些成分，或者通过食品工艺技术去除了其中某种成分的食品。

3）在功能方面，它具有明确的、具体的而且经过科学验证是肯定的保健功能。它可通过调节人体生理功能，促使人体从亚健康状态逐渐恢复健康，达到延年益寿的效果。

4）在适用对象方面，保健食品通常是针对某方面功能需要调节的特定人群而研制生产的，所以可能只是用于某些特定人群，如限定年龄、性别、体质或限定遗传结构的人群，不可能对所有人都有同样的作用。

5）保健食品不是药，不以治疗为目的，不能取代药物对患者的治疗作用，只能作为辅助治疗。另外，保健食品的特定机能不能取代人体正常的膳食摄入和对各类必需营养素的需求，因此不能因为吃了保健食品，就忽略了一日三餐。

目前，按照调节人体功能的作用，中国食品药品管理局受理的保健食品大致可归为以下几类：

（1）增强生理功能的保健食品

由于生活特点、工作性质和特殊环境的需要，人们要求增强某一方面的生理功能，以更大限度地提高工作效率或减轻机体损伤。具有增强免疫、辅助改善记忆、抗氧化、缓解体力疲劳、改善睡眠、调节肠道菌群和促进消化等功能的保健食品均属于此类。

（2）预防慢性疾病的保健食品

鉴于高血压、冠心病、脑卒中、糖尿病、骨质疏松和肥胖等许多慢性病的发生、发展与不合理饮食密切相关，因此开发了具有辅助降血脂、辅助降血糖、辅助降血压、减肥、增加骨密度等功能的保健食品。

（3）增强机体对外界有害因素抵抗力的保健食品

针对目前全球环境污染的状况，人们开发了促进排铅、抗辐射等许多能够增强外界对有害因素抵抗力的保健食品，随着人们健康意识的逐渐增强，这类食品逐渐走俏于保健食品行业。

（4）补充微量营养素的保健食品

当某些人群体内缺乏某些微量元素和矿物质时，需要额外进行补充的一类保健食品，即各种营养补充剂，此类保健食品使用范围最为广泛，例如各种钙剂、铁剂和维生素等。

6.2 保健食品的发展现状

2011 年，我国的保健品行业规模达 3 000 亿元，预计到 2020 年将达到20 000 亿元，保健食品需求量的剧增促进了市场的迅速发展。在国家新制定的《食品工业“十二五”发展规划》中营养与保健食品制造业首次被纳入国家食品产业规划中并成为重点行业，国家对保健食品产业的发展逐渐高度重视起来。

我国相关监管部门对相关政策进行适时调整，监管体制也逐步完善，客观上为保健食品产业健康发展提供了政策支持和法制保障，保健食品市场秩序有所改观。然而，回眸过去 30 年来保健食品行业的发展，貌似繁荣的背后却崎岖波折、乱象丛生、危机重重，已经陷入严重的信誉危机，主要表现在以下几个方面。

6.2.1 昙花一现

曾经风靡一时的三株口服液、蜂皇浆、太阳神、中华鳖精等，如今在保健食品市场已经销声匿迹，替代的是一些新的面孔，不禁让人感叹保健食品更新换代之迅速。这些保健食品都是“各领风骚三五年”，却不能在保健食品行业经久不衰。今天消费者还在购买服用的某名牌保健食品，没准几天后就停产了。

回顾中国保健食品行业的发展，似乎只有酷热与寒冬，大批品牌的保健食品在热潮中涌现，又在寒冬里消亡，其寿命不超过两三年，有的甚至不到几个月便夭折，生命期之短暂令人扼腕叹息。历经 30 年的保健食品行业，如今仍然不见好转，整个行业陷入了一种混乱无序和畸形发展的怪圈之中。

6.2.2 违法广告的推波助澜

现如今的保健食品行业，很多企业视广告为保健食品的生命，不惜花费巨资进行广告投放，却不顾产品本身的质量，成为不折不扣的广告产品。仅 2012 年第 3 季度，查处的违法保健食品广告就有 23 769 次，这相当于每天查处违法保健食品广告达 264 条，保健食品类广告已经沦为违法广告的重灾区。中国消费者协会的一项调查显示，我国 70% 以上的保健食品存在虚假宣传、夸大宣传的现象。

目前，我国各省（区、市）食品药品监督管理部门通过发布《违法广告公告》，将违法广告通报并移送至同级工商行政管理部门进行依法查处。违法保健食品广告主要有两种，一种是未经审批而刊播出来，另一种虽经过审批，但擅自篡改审批内容。

保健食品广告应当引导消费者合理使用保健食品，据我国《保健食品广告审查暂行规定》，保健食品广告不得出现下列情形和内容：

1）含有表示产品功效的断言或者保证，例如，“根治”“根除”“不反弹”“药到病除”“永不复发”“一次见效”等词语。

2）含有使用该产品能够获得健康的表述。

3）通过渲染、夸大某种健康状况或者疾病，或者通过描述某种疾病容易导致的身体危害，使公众对自身健康产生担忧、恐惧，误解不使用广告宣传的保健食品会患某种疾病或者导致身体健康状况恶化。

4）用公众难以理解的专业化术语、神秘化语言、表示科技含量的语言等描述该产品的作用特征和机制。

5）利用和出现国家机关及事业单位、医疗机构、学术机构、行业组织的名义和形象，或者以专家、医务人员和消费者的名义和形象为产品功效做证明。

6）含有无法证实的所谓“科学或研究发现”“实验或数据证明”等方面的内容。

7）夸大保健食品功效或扩大适宜人群范围，明示或者暗示适合所有症状及所有人群，例如将“辅助抑制肿瘤的”灵芝孢子粉宣传成“能治愈各种肿瘤”，将具有“缓解体力疲劳”的某产品宣传成“能改善和提高性功能”，严重超出了批准的保健功能范围。

8）含有与药品相混淆的用语，直接或者间接地宣传治疗作用，或者借助宣传某些成分的作用明示或者暗示该保健食品具有疾病治疗的作用，例如号称是“营养品的联合国”的汤臣倍健，因宣称能预防疾病或缓解病症，而涉嫌误导消费者被曝光。

9）与其他保健食品或者药品、医疗器械等产品进行对比，贬低其他产品。

10）利用封建迷信进行保健食品宣传。

11）宣称产品为祖传秘方。

12）含有无效退款、保险公司保险等内容。

13）含有“安全”“无毒副作用”“无依赖”等承诺。

14）含有最新技术、最高科学、最先进制法等绝对化的用语和表述。

15）声称或者暗示保健食品为正常生活或者治疗病症所必需。

16）含有有效率、治愈率、评比、获奖等综合评价内容。

17）直接或者间接怂恿任意、过量使用保健食品。

近年来，针对这些违法保健食品广告，虽然各省市也纷纷出台了一些整治措施，但是，还有这么多的违法保健食品广告仍然屡禁不止。其原因主要有两点：首先，从监管部门的角度来说，执法资源有限、鉴定成本过大；其次，耗资巨大的违法广告的投资者往往是当地的经济支柱，更是当地的纳税大户，政府为了当地的经济利益，往往批准这些违法广告的发布。

因此，面对铺天盖地的保健食品广告，广大消费者不要被广告中宣传的神奇效果所迷惑，练就慧眼识破违法保健食品广告，提高自我防范意识，来维护自己的正当权利。

另外，市场是公平的仲裁者，这些违法保健食品广告就算不被相关部门所查处，消费者拒绝购买其产品，再天花乱坠的广告也只是广告而已，其产品的长期滞销，最终都会致使其在保健食品行业中消亡。

6.2.3 “地下”销售陷阱多

目前，我国保健食品的销售模式主要有两类：一类是直营，即由保健食品生产厂家自己组建员工队伍直接进行市场一线操作；另一类是通过保健品的代理商或经销商来销售，其中较多的是代理商。

保健食品的销售渠道也有很多种，可分为有店铺和无店铺两类。有店铺包括业内常说的传统渠道（包括药店、商业超市）、专卖连锁、网上店铺等，无店铺则包括直销、会销和邮购等。然而这些销售渠道中隐藏了很多的陷阱，一不小心消费者就掉进去了，特别是对于急于恢复健康的老年朋友们。

陷阱之一，就是免费体检。很多保健食品代理商经常在小区里组织所谓“义诊”活动，号称是某医院的专家，经过简单的体检和化验，断言某些人患有某些疾病，以“连吓带骗”的方式告诉患者需要吃哪些保健食品，如果不吃的话会造成严重的后果。

陷阱之二，是举办免费的联谊会、茶话会或知识讲座。代理商抓住老年人“孤独”“需要关怀”的心理，组织一些免费的集体活动，并告知参加者会有免费的礼品相送，名义上是进行感情联络，等老年人到场之后，公司运用各种各样的手法吹嘘其产品，变相进行产品推销。甚至请“托儿”在旁边煽风点火，夸赞该产品的神奇效果，很多老年人相信其效果，忍不住跟风购买。

陷阱之三，是搞旅游、参观等。一些保健品代理商瞄准目标之后，公司就组织这些中老年人免费一日游和农家乐等，免费车接车送，在旅游过程中，推销其产品。

陷阱之四，促销活动。比如在商场门口进行免费抽奖，让消费者得到“优惠购买某某保健食品”的大奖；或者采用登记个人信息发放免费试用产品的方式，获得消费者的第一手资料，以后进行电话联系或登门拜访，进行跟踪并推销其产品；或者采用“买一送一”的方式，以买保健食品送礼品、送“一日游”为诱饵，诱惑消费者购买其产品。

陷阱之五，传销手段。以发展下线的回扣为诱饵，鼓励已上当的消费者发展其亲朋好友加入，以达到“滚雪球”式的发展消费群体的效应，并有计划地分片举办销售骨干人员培训班、集体旅游活动，并通过网络强化培训，提高销售队伍的游说能力。

6.2.4 违规添加化学药品

按照美国食品和药物管理局（FDA）的规定，保健食品是一种食品，由天然营养成分和特殊活性物质所构成，不以治疗疾病为目的，不允许添加任何西药成分。因为保健食品中添加的药物成分可能存在原料来源不明、生产不规范、剂量不稳定、质量没保障、禁忌人群未标示等问题，给人们的健康带来危害，严重者可危及消费者的生命。保健食品的功能是有限的，很多生产厂家之所以在保健食品中违法添加一些化学药物，是为了迎合消费者“见效快”的需求，使自己的产品达到“立竿见影”的保健效果，留住更多的消费者。

近年来，我国因添加违规成分而被 FDA 警告的保健产品有近 300 种，与此相关的投诉也不计其数。据了解，违规添加化学药品主要集中在以下保健食品中。

（1）减肥类保健食品

国家食品药品监督管理局查禁的 7 类减肥产品中，其中一款号称“知名”品牌的“绿瘦”，不仅假冒保健食品批准文号，而且添加了西布曲明、酚酞等非法添加成分，也有其他的减肥药中含有麻黄碱或芬氟拉明等成分。

西布曲明是一种抑制中枢神经的化学药物，可通过抑制使用者的食欲或促进排泄，短时间内达到减肥效果，是目前国内减肥药物市场上应用最广泛的原料药物之一，但会引起口干、头晕、腹泻、嗜睡、夜尿增多、心跳加快等副作用，严重者会诱发心肌梗死、卒中、心脏骤停等严重心血管疾患。国家食品药品监督管理局在 2010 年 10 月 30 日已禁止我国西布曲明制剂和原料药的生产、销售和使用。

酚酞是一种用于治疗便秘的临床处方药，也就是一种泻药，须在医师的指导下使用。如果过量或长期滥用，可造成电解质紊乱，诱发心律失常、神志不清、肌痉挛以及倦怠无力等症状。同时会诱发顽固性便秘、结肠炎、流产、大出血甚至肠癌等疾病，女性长期服用还可能导致不孕。

（2）健美类保健食品

此类保健食品的目的是使人的肌肉强壮，然而受利益驱使，此类产品经常含有合成类固醇及类似成分。虽然类固醇能帮助使用者特别是运动员练出更理想的身材，但同时可能引起严重的副作用，会破坏女性体内雌性激素的平衡，导致月经紊乱、闭经等问题，损害男性的生育能力，增加心脏病、中风和癌症的风险。

（3）性保健食品

许多号称“纯天然”“增强性功能”的壮阳类保健食品中，如万艾可（伟哥）、西力士、利维等，已被发现其中违法添加了一些化学药物（包括大名鼎鼎的西地那非、他达拉非和沃地那非等）。而这些药物成分只能作为处方药出售，患有心血管疾病的人是不能服用的，服用后确实有促进神经兴奋的作用，可短暂刺激精力，而长期服用，会导致神经系统更加疲劳，严重者可以致命。

（4）调节血糖类保健食品

目前，国内已经查出多种降糖产品，号称“纯中药制剂、无毒副作用”，其实这类保健食品中添加了降糖药，如格列吡嗪和格列本脲，糖尿病患者吃了血糖真的降下来了，于是把所有的治疗药物都停了，但是没多久就引起低血糖昏迷住院。

（5）改善睡眠类保健食品

改善睡眠类保健食品常添加安定类的药物，如地西泮、三唑仑等，这些药有抑制中枢神经的作用，可强制性昏睡，一般用于抗焦虑、镇静，作为处方药使用。三唑仑就是俗称的蒙汗药，长期服用可引起抑郁症、痴呆症、神经衰弱等后遗症。

（6）增高类保健食品

某些号称“纯天然植物萃取”的增高类保健食品，其实是添加了生长激素，虽然效果显著，但长期服用会使人体代谢改变，导致儿童性早熟，增加患癌症、糖尿病和心脏病等疾病的概率，严重者可以引起股骨头缺血坏死。虽然孩子告别了矮身材，但是引起的疾病更让家长后悔莫及。

6.3 保健食品的选购

目前，市面上的保健食品琳琅满目、种类繁多，鱼龙混杂，真可谓真假难辨，加上各种保健食品广告的大力宣传，正确选择适合自己和家人的保健食品，的确是一件让人犯难的事情。这里有一些选购保健食品的常识，可提供给消费者作为参考。

6.3.1 看身体需要

生活中，随处可见的保健食品广告，似乎让消费者有“中国男人都需要补肾，女士都需要补血，老人都要补钙，儿童都要补锌”的错觉。实际上，正确的做法是根据每个人的身体健康状况来确定自己的需要，而不是盲目进补。

盲目进补，不但会增加不必要的经济支出，甚至会出现危害进补者身体健康的后果。例如，贫血患者过量地补充铁剂会造成大量的铁元素沉积于心、肝、肾、脑等器官，影响各个脏器功能，严重时出现脏器功能衰竭。

因此，在选择保健食品之前，需要到正规的医院进行诊断，确诊是否缺乏某种营养素，或患某种疾病，在临床医师或营养师的指导下食用某些保健食品，并且按照规定的剂量和疗程，防止补充“过了火”，对身体带来其他的健康危害。通常情况下，营养补充剂之外的保健食品不宜长时间服用，一旦症状得到了改善，即可停止服用，这样有利于调动机体自身的调节功能。

6.3.2 看生产厂家

由于许多保健食品工艺相对较简单，一般食品加工厂都可生产，至于配方的调配和辅加剂更是随心所欲，因此常常相互抄袭。由于种类繁多，保健食品在品质上就难免有良莠不齐的现象。有的商家是自产自销，而有的商家是找一些小厂代理生产，最好选择自产自销的产品，这样产品才有质量保障。

另外，最好选择通过 GMP 认证的保健品生产商，GMP 是国际通行的食品医药企业良好的生产流程和管理规范，是我国药品和保健品生产的强制项目。

6.3.3 看产品信誉

在美国和日本，保健食品日益受到人们的关注，人们对其的信任度正在上升；而国内，人们对于保健食品的信任度则有所下降，主要由于保健食品常常夸大其功效，这也是大家倾向于购买进口保健食品的主要缘故。

为解决我国保健食品的信用危机，让老百姓放心大胆地消费保健品，中国保健行业开始着手进行信用体系建设和企业信用等级评价。2008 年，中华人民共和国商务部、国务院国有资产监督管理委员会正式批准中国保健协会为中国保健食品行业唯一的行业信用体系评价单位。通过公正客观的信用评价，将企业分成三六九等，为消费者购买保健品提供信用依据。这样，那些鱼目混珠、以次充好的不法分子就会现形于众目睽睽之下。消费者可以通过网上查询，选择信誉等级高的企业的产品，信誉等级越高其产品质量一般就越可靠。

6.3.4 看功能

仔细查看保健食品包装上的说明书，确定该保健品具有何种功能。国家食品药品监督管理局代替卫生部接管保健食品后，对保健食品的申报功能范围由原来的22种调整为27种，详见表6-1。

表6-1 国家食品药品监督管理局审批的27种保健食品功能

1. 增强免疫力	15. 缓解视疲劳
2. 抗氧化	16. 促进排铅
3. 辅助改善记忆	17. 清咽功能
4. 缓解体力疲劳	18. 辅助降血压
5. 减肥	19. 增强骨密度
6. 改善生长发育	20. 调节肠道菌群
7. 提高缺氧耐受力	21. 促进消化
8. 对辐射危害有辅助保护功能	22. 通便
9. 辅助降血脂	23. 对胃黏膜有辅助保护作用
10. 辅助降血糖	24. 祛痤疮
11. 改善睡眠	25. 祛黄褐斑
12. 改善营养性贫血	26. 改善皮肤水分
13. 对化学性肝损伤有保护作用	27. 改善皮肤油分
14. 促进泌乳	

从2003年起，同一配方的保健食品，最多允许申报2个功能。如果某保健食品具有这27种功能之外的其他任何功效，或者同一产品具有2种以上的功能，以及夸大其功能的产品，均属于违法产品。另外，如果服用后效果显著，起到“立竿见影”的效果，就要怀疑是否添加了化学药品成分了。

6.3.5 看成分的来源

有些保健食品的原材料是自己的厂家生产，有的是从其他供应商获取原料，最好选购自己生产原材料的厂家的产品。

另外，看成分是天然的还是人工合成的，其实目前全球根本没有100%纯天然的保健产品，因此所谓的“100%纯天然”广告词也是忽悠人的。即使在美国，如果某保健品中含5% ~8%的天然成分，就可以称为全天然的了。特别是营养补充剂，合成的维生素当中如果能加入一些天然成分，这对发挥该维生素的效用将有很大的意义，因此，最好选择含有天然成分的保健食品。

此外，保健食品不是药，凡是添加了药物的保健食品均属于违法产品，一定不要购买。

6.3.6 看主要功效成分含量

保健食品虽然不同于药品，但也有具体的含量，根据含量可计算出需要服用的分量，如果吃的分量不够，吃进去的保健食品只不过就是精神安慰剂。对比不同保健食品的主要功效成分含量，一般情况下，主要功效成分含量越高，保健效果越好。例如，市面上蜂胶产品的含量从3% ~6%不等，差不多的价格，请首先选择含量高的，保健效果会更好。

6.3.7 看批准文号和标志

在我国市场上，只有带有“小蓝帽”标志及批准文号（图6-1）的保健食品才是正规的、经过临床验证的。“小蓝帽”的下方会有“保健食品”的字样，整体呈蓝色。具有“小蓝帽”标志的是卫生部或国家食品药品监督管理局正规批准的保健食品，没有“小蓝帽”的只是普通营养食品而已，保健功效不能确定。

另外，不管是国产保健食品，还是进口保健食品，“小蓝帽”的下方会有卫生部的批准文号。只有认清批准文号才能保证您所购买的保健食品是经过国家卫生行政管理部门通过动物或人体实验后批准的、正规厂家生产的产品。

2003年以前，保健食品需要通过卫生部审批，使用的批准文号为“卫食健字”，是我国对保健食品实行法定注册监管以来第一个国产保健食品的批准文号。“卫”代表中华人民共和国卫生部；“食”代表食品，“健”代表保健食品，因为保健食品是食品中的一个种类，仍旧属于食品的范畴。

2003 年后，我国保健食品审批职能由原来的卫生部移交到国家食品药品监督管理局，使用的批准文号改为“国食健字 G（J）”，“国”代表国家食品药品监督管理局，“G”代表国产，“J”代表进口。

另外，值得提醒消费者一点，保健食品的“药健字”在 2004 年前已被取消，市场上已禁止这种批号流通。

保健食品
卫食健字（年份）第***号
中华人民共和国卫生部批准
2003年以前国产保健食品批准文号及标志

保健食品
卫食健进字（年份）第***号
中华人民共和国卫生部批准
2003年以前进口保健食品批准文号及标志

保健食品
国食健字G200*****
国家食品药品监督管理局批准
2003年以后国产保健食品批准文号及标志

保健食品
国食健字J200*****
国家食品药品监督管理局批准
2003年以后进口保健食品批准文号及标志

图 6-1 保健食品批准文号及标志

6.3.8 看购买场所

选购保健品尽量到正规、信誉有保障的超市、商场去购买，并要求其出示保健食品批准证书和相关证件，保管好购买时的凭证，如小票或发票，这是投诉、索赔、维护自己权益的重要依据。

6.3.9 看适宜人群和禁忌证

面对五花八门的“健康礼”，大部分收礼人对所收到的保健礼品的适用人群并不是很了解，以为只要是保健食品，多少都会对身体有好处。合格的保健品虽然具有一定调节机体功能的效果，但也有严格的适宜人群和禁忌证，若不管其所含成分盲目服用，很可能不仅起不到保健功效，还会对身体造成伤害。特别是年老体弱者、慢性病患者、儿童、青少年及孕妇，在食用这些保健食品之前一定要认真阅读包装上的说明，要谨慎选择适合的保健食品。

事实上，补充营养的最佳方式还是“食补”，即合理膳食、平衡营养。面对琳琅满目的保健食品和天花乱坠的营销广告，消费者应该保持清醒的头脑理智选择，要了解自己的生理状况和身体需求，要知晓保健食品的特征，还要确保选购到质量合格的保健食品。面对保健食品销售的各种“陷阱”，消费者应提高警惕，加强自我防范意识，维护自己的正当权利。

7　污染食品的“妖魔鬼怪”

色泽诱人的卤肉、气味诱人的熏烤、品相诱人的油炸食品、令人垂涎欲滴的爆米花……然而，鲜为人知的是，在这些美味可口的食物里面，却潜伏着危害人体健康的“妖魔鬼怪”。它们都有着“毒”门功夫，就在人们尽情享受美食带来的快乐和幸福时，可能已在不知不觉中吃进了美味的“毒药”。那么食品中的这些“妖魔鬼怪”来自何方呢？面对鱼龙混杂的食品市场，我们只有睁大眼睛、提高警惕意识和分辨能力，才能健康饮食、健康生活。

7.1　亚硝酸盐

卤肉制品是指肉类、禽类产品经过卤制、炸卤等工艺加工成可直接食用的产品，包括白煮肉类、酱卤肉类、肉松和肉干类，如酱肉、扒鸡、卤鸡翅等。卤肉类熟食制品是我国传统食品，已有几千年历史，因其颜色鲜艳、味道浓郁而广受消费者青睐。近年来随着先进生产技术的投入应用，酱卤肉制品也开始从小作坊式生产转变为大规模集约化制作，其市场占有量逐年增大。在酱卤肉制品中加入少量亚硝酸盐可作为护色剂（又称发色剂）。亚硝酸盐加入肉中，可与肌肉中的血红蛋白及肌红蛋白结合，生成亚硝基血红蛋白与肌红蛋白，使肉具有粉红色；添加亚硝酸盐还对微生物的繁殖有一定的抑制作用，特别是对肉毒梭菌有特殊抑制作用；此外，亚硝酸盐还可提高腌肉的风味。所以，加入亚硝酸盐的熟食好看又好吃。但是亚硝盐类的添加会使肉制品中的亚硝酸盐残留进入人体，当机体内大量摄入亚硝酸盐，可使血红蛋白转变为高铁血红蛋白，失去其运输氧的能力而导致发绀症。另外，亚硝酸盐还是N－亚基硝基化合物的前体物，而N－亚基硝基化合物对动物具有较强致癌作用，它可与蛋白质的氨基酸、磷脂等有机物质在一定环境和条件下产生的胺类反应生成亚硝胺，产生致癌作用，主要引起食管癌、胃癌、肝癌和大肠癌等，会给身体健康带来危害。亚硝酸盐在酱卤肉制品中，按 GB 2760—2011《食品添加剂使用标准》规定的检测上限是 30 毫克/千克，超量使用会导致熟食卤肉制品中亚硝酸盐残留。部分商贩和企业因利益驱动，为使其产品颜色鲜美、货架期延长而超标使用食品添加剂。

亚硝酸盐中毒是指由于食用硝酸盐或亚硝酸盐含量较高的腌制肉制品、泡菜及变质的蔬菜引起的中毒。一次性摄入 0.2～0.5 克可引起中毒，一次性摄入 3 克即可致死。作为一种工业用盐，亚硝酸盐广泛地被各种工厂、企业、建筑工地所使用，其获得并不难。某些商家在利益的驱使下，明知亚硝酸盐是工业用盐，仍故意将其当作食盐使用或出售。在许多地方，特别是乡镇和偏远地区，有些饭店的厨师和熟食店的工人没有经过正规培训，对很多添加剂没有正确的认识，不了解食品卫生规范的最大限量，大部分人都是估摸着添加，再加上对添加剂的存放缺乏管理措施，很容易造成误放或多放而引发中毒。生活中有人误把亚硝酸盐当食盐用，结果造成严重后果。最让人担心的是在农村或偏远山区，由于缺少必要的条件和安全意识，往往误将亚硝酸盐当作食盐食用，或者食用未经正确腌制和处理的咸菜、咸肉等而造成亚硝酸盐中毒，导致悲剧发生。

“毒药”亚硝酸盐就在我们身边！2011 年 4 月 7 日上午，甘肃平凉市崆峒区发生一起食物中毒事件，共造成 37 人中毒住院，其中 3 名婴幼儿已死亡，其余患者生命体征平稳。最后确认，本食物中毒事件由于散装奶被人恶意投入高含量的亚硝酸盐而导致群体中毒。2010 年 11 月 30 日，上海闵行区某工厂发生群体性食物中毒事件，共有 100 名左右的工人在午餐时出现肠胃不适和呕吐、腹泻症状。事后，据参与治疗的医生介绍，此次患者中毒的原因为急性亚硝酸盐中毒。2010 年 10 月 8 日，广州旅行团游客在四川海螺沟景区食用当地酒店提供的早餐后出现中毒症状，包括酒店员工以及游客在内总共 100 余人被送医院治疗，其中广东游客谭女士经抢救无效证实死亡，后查实此次事件为亚硝酸盐中毒事件。2009 年 5 月 6 日，湖南常德石门县雁池乡雁池坪村发生一起因误食亚硝酸盐引起的食物中毒事件，导致 16 人中毒，其中 1 名 1 岁多的小女孩在送往医院途中不幸死亡。事件原因是厨师误将亚硝酸盐作为食用盐烧烤板鸭，导致10多位品尝者食用后发生中毒反应。2008年2月23日，深圳比亚迪公司的部分员工到工厂门口的一间无牌证小食店吃早餐，出现疑似食品中毒症状。共涉及63名员工，其中2人经抢救无效死亡，住院治疗19人，医学观察42人，此事后被正式确认为亚硝酸盐中毒事件。2007年4月28日，长春市凯旋路果品公司招待所食堂发生集体食物中毒事件，在此用餐的62名顾客食用米粥、馅饼等食物后，多人出现了恶心、呕吐、头晕等症状，经卫生监督部门调查，25人被确定为亚硝酸盐中毒。2005年9月7日，北京朝阳区崔各庄乡发生32人由于食用含有亚硝酸盐的毛鸡蛋而引发中毒的事故，其中1名儿童经抢救无效死亡。该事件被查明是亚硝酸盐引起的中毒事件，北京市卫生局随后向市民发出公共卫生预警。

因此，选购酱卤肉制品时，要注意以下几点：①看外观。尽量选择近期生产、真空包装、表面干爽、无异味的肉制品。②看色泽。色泽过于鲜艳的酱卤肉类食品，有可能添加了着色剂和亚硝酸盐。③看标签。看包装上的标签标志是否齐全，按国家标准规定，在外包装上必须标明厂名、厂址、生产日期、保质期、执行标准、商标、净含量、配料表、产品类型等项目。④看品牌。尽量选择规模大、产品质量和服务质量较好的品牌企业的产品，这些企业技术力量雄厚，产品配方设计较为科学、合理，对原材料的质量控制较严，生产设备先进，企业管理水平较高，产品质量较有保证。⑤少量购买肉制品，一次购买量不宜过多，要注意产品外包装明示的保质期和储存条件；已开封的熟肉制品一定要密封，最好在冰箱中冷藏保存，尽快食用。

7.2 杂环胺

20世纪70年代，日本学者首次从烤鱼和烤肉中分离出具有很强的致突变性和致癌性的杂环胺类化合物。而烘烤肉制品以其独特的色、香、味，赢得了广大消费者的青睐，其中具有代表性的传统烘烤肉制品有南方地区的烤乳猪、叉烧肉，北方的烤鸡、烤鸭，新疆的烤羊肉等。在人类的致癌因素中，食物一直被认为是最重要的因素之一。杂环胺就是一类在肉类、家禽、鱼类等蛋白质丰富的食物烹调加工时产生的具有致突变性和致癌性的化合物。因此，如何减少杂环胺的产生、避免杂环胺的摄入，已成为人们热切关心并需迫切解决的问题。

依照加热温度不同，杂环胺可分为氨基咔啉类和氨基咪唑氮杂芳烃类两种。前者是在300摄氏度以上的高温状态下热解形成的；后者是100~225摄氏度普通家庭烹调温度下形成的，又称为热诱导突变物质，这类杂环胺具有较强的致突变性，因其在普通家庭烹调条件下形成而备受关注。虽然杂环胺在加工食品中的含量只有极微量级，但其作为强致突变物对人类癌症成因有重要的影响。大多数杂环胺进入人体后，一部分经过新陈代谢随尿液排出体外，残留物经一系列生物化学反应后产生致突变和致癌作用。已有试验证明食品烹调过程中形成的杂环胺不仅可诱导细菌突变，还可诱导哺乳动物细胞的DNA损害。啮齿类动物致癌试验结果表明，大部分杂环胺已被证明可致实验动物多种器官的癌变（如肝癌、肠癌、胃癌等）。灵长类动物试验证实它在猴体内可形成DNA加合物，且可诱发猴肝细胞癌。

而日常膳食中普遍存在杂环胺，人们每天无法避免地从食物中摄入这类致癌物。因此，了解杂环胺的形成机制，学习如何减少它的产生和摄入，从而降低或消除杂环胺致癌的潜在威胁是十分必要的。肉类是人类膳食组成中不可缺少的食物之一，肉制品在烘烤过程中生成杂环胺的量主要取决于肉品的成分、加工方式、烘烤温度和时间，其中以烘烤温度和时间为主要的影响因素。烘烤温度越高，时间越长，产生的杂环胺也就越多，但在杂环胺形成的条件中温度又比时间更为重要。明火烘烤由于直接与热源接触，会产生较多的极性杂环胺，有强烈的致突变性。烹调方式是影响杂环胺产生的最主要因素。油炸和烧烤等直接与油脂和明火接触的高温烹调方式产生的杂环胺含量最多，其次为煎、烘烤等热辐射和热传导的烹调方式。

因此，尽量选择蒸、煮、焖等加热温度在100摄氏度左右的方式加工食物。如采用煎、炸的方式加工食物应控制油温，并减少煎炸的时间，在煎炸的食物外面裹上一层淀粉也能预防杂环胺的形成；烤制食物时尽量采用间接的热辐射和热对流方式如烤箱烘烤加工食物，并包上铝箔，避免使用明火烤制。日常膳食中普遍存在杂环胺类物质，想要完全除去这类致突变及致癌物是不现实的。一些研究发现，通过利用天然的抗致突变及抗癌物来抑制杂环胺的致癌作用，降低其致癌风险是一种重要手段，如研究发现绿茶儿茶素、槲皮素和咖啡酸等8种抗氧化剂添加到烹调制品中，可降低杂环胺的含量。还有一些抗氧化性的香辛料可以有效抑制杂环胺的生成，如黑胡椒放入肉丸中加工。绿茶中的茶多酚、苦瓜汁等也可对其起到抑制作用。

7.3 二噁英

改革开放以来，我国的工业发展迅速，各类化工企业迅速兴起，但环保意识的缺乏以及环保资金投入的不足，导致工业有机废气的大量排放，严重危害人们的身心健康。自美国在越南战争中使用二噁英以来，世界各国相继发生二噁英污染，2001年香港迪斯尼乐园工地土壤二噁英污染及2006年荷兰、比利时、德国三国猪肉二噁英含量超标等一系列事件引起许多国家的恐慌。人们逐渐认识到其巨大危害，并就它对人体健康的影响进行了深入研究。

首先，毒性大。二噁英已被称为“地球上毒性最强的毒物”，其毒性相当于氰化钾（KCN）的130倍、砒霜的900倍，是目前世界上已知有毒化合物中毒性最强的。国际癌症研究机构将其列为一级致癌物。二噁英的一般毒性表现为急性死亡，慢性中毒时动物生长缓慢、体重下降、抵抗力低下等。典型的毒害包括皮肤炎症（如氯痤疮），以及对肝脏、免疫系统、神经系统均有显著的毒害作用，更重要的是还具有干扰内分泌（如抗性激素作用）、生殖毒性（如男女不育和流产等）、遗传毒性（致突变和致畸）和致癌等严重的危害。20世纪中叶，美军在越战中使用了含微量二噁英的脱叶剂，结果在美军喷洒过脱叶剂的地方，不仅出现了动物的生态学异常，当地居民在以后的几年中检测出大量的癌症患者、先天性疾病的婴幼儿，流产的比例也大幅上升。虽然二噁英的毒性很大，但因二噁英中毒直接死亡的报道几乎没有。二噁英可增加肿瘤的发病率，也就是说它只是一种诱导剂，起促进癌变的作用；当其浓度在体内达到一定数值时，能够促进肿瘤的生长，提高肿瘤的发病率。

其次，具有稳定性。二噁英易在人体中滞留，二噁英在人和哺乳动物消化道的吸收率均很高，并蓄积于肝、骨髓、神经及脂肪组织中。微量摄入人体不会立即引起病变，但由于其稳定性极强，一旦摄入则不易排出，使得环境中的二噁英易通过生物链的逐级浓缩而富集在人体组织中，如长期食用含二噁英的食品，毒性成分就会越积越多，很难降解或排出体外，其半衰期长达30年，完全降解和排泄则可能要100年。

那么，二噁英是如何从环境中到人体内的呢？1999年3月，比利时一些养鸡场蛋鸡产蛋率下降且蛋壳坚硬、肉鸡生长异常，调查发现，系饲料中含有大量二噁英所致。进一步的调查发现，在该国福格拉公司的废油样中发现超量二噁英。该公司收购家畜肥油和植物油，并将其提供给油脂加工厂，再加工后卖给动物饲料生产商。调查发现该公司在一些装废植物油的油罐里注入了大量的废机油，废机油与动物油和植物油混合加热后产生了大量有害物质二噁英等。食品中的二噁英主要来自于环境的污染，经过生物链的富集作用，可在动物性食品中达到较高的浓度。如英国、德国、瑞士、瑞典、荷兰、新西兰、加拿大和美国等对奶、肉、鱼、蛋等食品的检测结果表明，多数样品中均可检出不同量的二噁英。此外，食品包装材料中二噁英污染物的迁移以及意外事故等，也可造成食品污染。二噁英进入人体的途径有经消化道吸收（主要是食入含二噁英的食品，这是人体中毒的主要途径）、经呼吸道吸收（垃圾焚烧及汽车尾气等含二噁英的废气被吸入肺中进入人体）、从皮肤吸收（皮肤接触到受二噁英污染的水源、泥土等吸收进入人体）等。

因此，要尽快提高公民的环境意识，积极推行垃圾的分类回收政策，减少垃圾中氯组分的含量。目前国内有许多城市已开展对城市垃圾的焚烧处理，而垃圾焚烧又是二噁英的主要来源，在设计垃圾焚烧炉或改造垃圾焚烧炉时应采用目前国际上的最新研究成果，如提高焚烧炉温度（850摄氏度以上），在焚烧炉中加纤维过滤器，静电降尘法、深度氧化、紫外线照射法等都可以减少或阻止二噁英的生成。由于形成二噁英的主要材料是聚氯乙烯塑料，国内应逐步限制此类制品的生产，并研制新的可以降解的代用品。无铅汽油可以减少汽车尾气中的二噁英排放量，应大力推广使用无铅汽油。另外，对造纸厂和印染厂的漂白方法加速改进，并加强污水的处理。因二噁英可以世代遗传，母体血液中二噁英遗传给胎儿的转移率为90%，所以孕妇一定要注意饮食的健康和生活环境的健康，远离一些容易产生二噁英的场所。二噁英减排控制不仅要依靠国家环保部门的监控，还要依靠社会的关注和参与。公众对二噁英危害的认识、对国家二噁英减排控制工作的认同将有力推动我国二噁英减排控制工作的开展。

7.4 有毒金属

人体内含有多种金属元素，有些金属元素是人体正常组织成分或维持生理功能所必需的；但有些金属元素，尚未证实其具有生理功能。环境中的各种金属元素可以通过食物和饮水摄入、呼吸道吸入和皮肤接触等途径进入人体，其中一些金属元素正常情况下人体只需要极少的数量或者人体只可耐受极少的数量，剂量稍高即可呈现毒性作用，这些金属被称为有毒金属。其中，最引起人们关注的有毒金属包括铅、镉、汞、砷（准金属）等。此外，许多金属元素，甚至包括某些必需元素，如铬、锰、锌、铜等，摄入过量也可对人体产生不同程度的毒性作用。

食品中有毒金属的来源主要包括工业“三废”排放和化学品使用污染。现代工业发展迅速，特别是有些乡镇企业，重效益轻环保。农用化学品的使用和工业“三废”的排放，造成环境污染，并通过动、植物的摄食在动、植物体内累积造成污染。与一般农药、化肥污染不同，即使这些有毒金属在环境中的浓度很低，但由于其在环境中不易净化，使大气、土壤、水体均受到污染，并通过食物链富集，类似于持久有机污染物，因此被称为持久性有毒物。另外，自然环境的本底值高。有特殊地质地理条件的地区，在土壤、水体以及空气中某些金属含量较高，致使在此环境中的动、植物体内的有毒金属含量也往往较高。如高硒地区，不少人毛发、指甲脱落，四肢麻木，皮肤红肿、溃烂，经过分析检验出病因是食物中含超量的硒元素。再者，食品加工过程中的污染。食品加工过程中，因工艺需要加入的食品添加剂品质不纯，或所使用的容器、管道、金属机械等中含有有毒金属杂质也可能造成食品污染。

食品中有毒金属污染的危害是，有毒金属进入人体后，多以原型金属或金属离子形式存在，但有些可以转变为毒性更强的化合物。尽管一次大剂量摄入可以引起急性中毒，但大多数属于低剂量长期摄入后在机体中积蓄造成的食源性危害。有些金属毒物对人体的危害常以慢性中毒和远期效应为主，具有致畸、致突变和致癌作用。

下面具体介绍几种主要有害金属的毒性及对食品的污染。

7.4.1 铅对人体的危害

铅对生物体内许多器官组织都具有不同程度的损害作用，特别是对造血系统、神经系统和肾脏的损害更为明显。一次摄入铅超过 5 毫克/千克可导致急性中毒，但食品铅污染所致的中毒主要是慢性损害作用，临床上可表现为贫血、神经衰弱、神经炎和消化系统症状，如面色苍白、头昏、头痛、乏力、食欲缺乏、失眠、烦躁、肌肉关节疼痛、肌无力、口有金属味、腹痛、腹泻或便秘等，严重者可致铅中毒性脑病。慢性铅中毒还可导致凝血过程延长，并可损害免疫系统。儿童对铅较成人更敏感，过量铅摄入可影响其生长发育，导致智力低下。

食品中铅污染主要来源于以铝合金、马口铁、陶瓷及搪瓷等材料制成的食品容器和食具，它们常含有较多的铅。在一定条件下（如盛放酸性食品时），其中的铅可被溶出而污染食品，釉上彩和粉彩容器、食具的铅溶出量更高。马口铁和焊锡中的铅可造成罐头食品的铅污染。用铁桶或锡壶装酒，也可使其中的铅大量溶出于酒中。印制食品包装的油墨和颜料常含有铅，亦可污染食品。此外，食品加工机械、管道和聚氯乙烯塑料中的含铅稳定剂等均可导致食品的铅污染。

时下，爆米花味甜酥脆，诱人的香味使人垂涎欲滴，是孩子、成人都很喜爱的零食。特别是如今的商家为了迎合人们不同的口味需求，研制出来巧克力、奶油、水果等口味的爆米花，五颜六色甚是招人喜爱。无论是在家看电视，还是在影院看电影，或者是周末逛公园，随处都可以看到人们吃着爆米花。一些女士更是对爆米花情有独钟，将其作为工作之余的必备休闲食品。然而，这么好吃的爆米花却是人体健康的一大杀手。我们知道，爆米花是玉米或者大米在高压加热中突然降压，使其中的水分急骤汽化、膨爆而成的。不过很少有人知道，市场上所用的爆米机的铁罐内壁上都镀有一层铅锡合金，在高压加热时，内壁上的铅和锡有一部分会熔化，随气体渗入爆米花中。特别在爆响的一刹那，爆米花中的铅急速增多。经有关的测定发现：每千克爆米花中的铅含量平均在10毫克以上，我国食品卫生标准规定，食品含铅量每千克不得超过0.5毫克。爆米花中的铅含量超过了标准量的20多倍。因此，在食用爆米花时，不要一次食入过多，孕妇和小孩应尽量少食。当出现铅中毒的症状时，应立即停止食入爆米花。同时，多吃一些富含维生素的食品，以达到排铅的目的。对于长期食用爆米花、中毒比较严重的患者，应及时送往医院进行诊断和治疗。

此外，工业“三废”和汽油燃烧、含铅农药（如砷酸铅等）的使用、含铅的食品添加剂或加工助剂等，也是造成食品铅污染的因素。如皮蛋，是我国特有的一种蛋类加工品，北京人称其为“松花蛋”，南方人称其为“彩蛋”，西北人称其为“泥蛋”。在皮蛋的加工过程中，为了使蛋白质凝固，人们往往在浸渍液中添加黄丹粉（氧化铅）和某些劣质食品添加剂等，大量使用后必然会对人体健康造成不利影响。依照食品标准规定，皮蛋含铅量每千克不得超过2毫克，含铜量每千克不得超过8毫克。但是，广东连续5年的检测发现，皮蛋铅的平均含量超过国家标准限量值的1.28倍。由此可见，皮蛋虽然味美但不宜多吃，偶尔食用一些并无大碍，不过要挑选优质的皮蛋。也可以食用一些防铅和驱铅的食物，如牛奶所含的蛋白质可与铅结合形成不溶物，所含的钙可以阻止人体对铅的吸收，茶叶中的鞣酸可与铅形成可溶性复合物随尿排出；另外，海带中的碘和海藻酸能促进铅的排出；大蒜和洋葱头中的硫化物能化解铅的毒性。

7.4.2 汞对人体的危害

汞及其化合物广泛应用于工农业生产和医药卫生行业，可通过废气、废水、废渣等污染环境，进而污染食物，其中又以鱼贝类食品的甲基汞污染最为严重。除水产品外，汞亦可通过含汞农药的使用和废水灌溉农田等途径污染农作物和饲料，造成谷类、蔬菜水果和动物性食品的汞污染。食品中的金属汞几乎不被人体吸收，90%以上可由粪便排出，无机汞的吸收率较低。而食品中有机汞的消化吸收率很高，甲基汞的人体吸收率可以达到90%以上；吸收的汞迅速分布到全身组织和器官，但以肝、肾、脑等器官的含量最高。长期摄入甲基汞可导致中毒，其症状主要表现为神经系统损害，如神经症状、感觉障碍、听力障碍、视野缩小、语言障碍、运动失调等，严重者可能发生吞咽困难、肢体变形、瘫痪，甚至死亡。甲基汞还可通过胎盘进入胎儿体内，引起胎儿或新生儿中毒。

7.4.3 镉对人体的危害

镉广泛用于电镀和电池、颜料等工业生产中，故工业“三废”，特别是含镉废水的排放对环境和食物的污染较为严重。镉可通过食物链的富集作用而在某些食品中达到很高的浓度。海产品、动物性食品（尤其是肾脏）含镉量通常高于植物性食品。许多食品的包装材料和容器也含有镉。因镉盐有鲜艳的颜色且耐高热，故常用作玻璃和陶瓷类容器的上色颜料、金属合金和镀层的成分以及塑料稳定剂等，因此，使用这类食品容器和包装材料也可对食品造成镉污染。特别是用作存放酸性食品时，可致其中的镉大量溶出，严重污染食品，导致镉中毒。镉在人体的主要积蓄部位为肝脏和肾脏。镉中毒主要损害消化系统、骨骼和肾脏。临床上可见蛋白尿、氨基酸尿、糖尿和高钙尿，导致体内钙的负平衡，并由于骨钙迁出而发生骨质疏松和病理性骨折。镉及其化合物对动物和人体有致突变、致癌和致畸作用，严重时引发急、慢性中毒。

7.4.4 砷对人体的危害

砷由于其许多理化性质类似于金属，故常称为“准金属”，其实际为一种非金属。砷进入人体后可以分布于全身组织，以肝、肾、脾、肺、皮肤、毛发、指甲和骨骼等器官和组织中蓄积量较多。砷与头发和指甲中角蛋白的巯基有很强的结合力，故测定发砷和指甲砷可反映体内砷的水平。急性砷中毒主要表现为胃肠炎症状，严重者可导致中枢神经系统麻痹而死亡，并出现全身出血症状。慢性中毒主要表现为神经衰弱症候群，皮肤色素异常（白斑或黑斑），皮肤过度角化和末梢神经炎症状等。食品中的砷主要来源于含砷农药的使用，工业“三废”的污染，食品加工过程中的原料、添加剂和容器、包装材料等的污染等。

7.4.5 铝对人体的危害

铝制品是我国居民经常使用的烹调及存放食品的器皿，包括蒸锅、笼屉、烫酒壶等，这就成为摄入过多的铝的原因之一。我们知道铝并非人体必需的微量元素，属于低毒性的金属元素，不会引起急性中毒。但是，进入细胞的铝可以与多种蛋白质、酶、三磷腺苷等人体重要物质结合，影响体内的多种生化反应，导致沉积在骨质中的钙流失，抑制骨生成，发生骨软化症，也容易带来肥胖、糖尿病、高血压、高脂血症等富贵病。流行病学调查和动物实验发现，铝是老年痴呆症不可忽视的危险因素。长期使用铝制品盛放盐以及碱性、酸性食物易使容器表面的氧化铝保护膜遭到腐蚀和破坏，从而使部分铝进入食物、水中，增加铝的摄入量。此外，膨松香脆的虾条受到大多数人的青睐，特别是孩子和青年女性，更是它忠实的消费者。但是，倘若长期食用虾条，则可能导致人体金属铝含量超标，造成神经系统病变，甚至致使人痴呆。很多人不明白，虾条中怎么含有铝呢？这是因为虾条属于膨化食品，在制作过程中需要膨化剂的参与，膨化剂是发酵粉的一种。发酵粉是一种复合添加剂，主要用于面制品和膨化食品的生产，本来对人体是没有害处的。但是，由于含铝膨化剂的成本要比无铝膨化剂的成本低3~4倍，许多生产者为了降低成本、牟取暴利，常常使用含铝膨化剂促使虾条膨化。虽然我国的国家标准规定，食品中铝的含量每千克不得超过0.1克，但对食品添加剂中铝含量的标准没有相关规定。虾条中铝含量过高，若长期食用的话，铝会在人体内不断积累，引起神经系统的病变，干扰人的思维、意识和记忆功能，造成情绪低落、易感疲倦、视觉和运动协调失灵，严重者可能产生痴呆。对于正处于生长发育期的儿童来说，如果长期大量使用铝含量超标的虾条，不仅会影响身体正常的生长发育，还会对智力发育等产生影响。

7.5 酚与醛

酚类化合物种类繁多，有苯酚、甲酚、氨基酚、硝基酚、萘酚、氯酚等，而以苯酚、甲酚污染最突出。酚是重要的化工原料，可制造染料、药物、酚醛树脂、胶黏剂等，邻苯二酚、对苯二酚可用作显影剂。酚类制剂还广泛用于公共卫生消毒，医院常用的“来苏儿”消毒剂便是苯酚钠盐的稀溶液。另外，某些酚类衍生物可用于食物防腐。食品中如果含有大量脂肪（特别是含有很多不饱和脂肪酸）很容易氧化酸败，因此通常在食品工业的腌制和浸渍过程中，加入抗氧化剂来延缓或防止油脂及富脂食品的氧化酸败。抗氧化剂是指能延缓食品成分氧化变质的一类物质。目前常用的抗氧化剂均属酚类化合物，包括丁基羟基茴香醚、二丁基羟基甲苯、没食子酸丙酯、叔丁基对二苯酚等。低浓度酚能使蛋白变性，高浓度能使蛋白沉淀。对皮肤、黏膜有强烈的腐蚀作用，也可抑制中枢神经系统或损害肝、肾功能。水溶液比纯酚易经皮肤吸收，而乳剂更易吸收。其水溶液很易通过皮肤引起全身中毒，其蒸气由呼吸道吸入，对神经系统损害更大。中毒初期表现为皮肤苍白、起皱、软化、疼痛，后转为红色、棕黑色，严重时坏死。皮肤接触面积较大时可引起急性中毒，出现头痛、眩晕、乏力、呼吸困难等症状。酚溅入眼内，若未及时用水冲洗，可导致结膜、角膜灼伤甚至坏死。口服酚后可引起口腔、咽喉、胸骨烧灼感，以及剧烈腹痛、呕吐和腹泻。长期吸入低浓度酚可引起恶心、呕吐、食欲减退和腹泻等消化道症状。酚还可能引起过敏性皮炎和湿疹。

醛可分为脂肪醛、酯环醛、芳香醛和萜烯醛。常温下，除甲醛为气体外，C12 以下的脂肪醛为液体，高级的醛为固体，而芳香醛为液体或固体。低级的脂肪醛具有强烈的刺激性气味，C9 和 C10 的醛具有花果香味，因此常用于香料工业。甲醛与苯酚发生缩聚反应生成酚醛树脂。甲醛是一种具强还原性的原生质毒素物质，也是国际癌症研究所公认的变态反应源，也是潜在的强致突变物之一。在利益的驱使下，一些不法商人在香菇、挂面等多种干燥食品生产过程中加入了甲醛或吊白块（次硫酸氢钠甲醛），来改变一些食品的色泽和味觉，严重危害了消费者的健康。

随着化学工业和食品工业的发展，新的包装材料越来越多。食品容器、包装材料和食品用工具、设备通过加工、输送、包装、盛放等过程与食品接触，其中的有害物质有可能向食品迁移。

在塑料中含有的一些低分子化合物，可能对人体有一定的毒性作用。三聚氰胺甲醛树脂可含有一定量的游离甲醛，酚醛树脂和脲醛树脂中甲醛的含量更高。甲醛可使实验动物的肝脏出现灶性肝细胞坏死和淋巴细胞浸润。因此，国家规定不得用酚醛树脂和脲醛树脂制作食品容器和包装材料。在聚碳酸酯的生产过程中，双酚 A 与碳酸二苯酯进行酯交换时会产生中间体苯酚。双酚 A 是环境内分泌干扰物，可降低精子的数量，增加乳腺癌、睾丸癌、前列腺癌的发生率，造成生殖系统的先天缺陷，使女性青春期提前。苯酚对皮肤、黏膜有腐蚀性，对中枢神经有抑制作用，对肝脏、肾脏的功能均有损害作用。聚对苯二甲酸乙二醇酯塑料中的乙二醇可从酯中游离出来，变为乙醛，并残存在容器的壁上，随时间的推移而析出，对碳酸饮料、矿泉水的口味产生影响。

食品罐内壁大部分需要涂料保护，涂料的目的是使食品（或饮料）不直接与罐金属层接触，防止食品（或饮料）与金属发生电化学腐蚀（如酸性食品的酸蚀、蛋白或含硫食品的硫化腐蚀等），以保证食品（或饮料）的卫生、品质、色泽、风味、保质期等质量指标。涂料主要有非高温成膜涂料和高温固化成膜涂料。非高温成膜涂料在我国容许使用的主要有聚酰胺环氧树脂涂料、过氯乙烯涂料、漆酚涂料等。环氧树脂由多酚 A 与环氧氯丙烷聚合而成，聚酰胺是环氧树脂涂料的固化剂。聚酰胺环氧树脂涂料的卫生问题主要涉及环氧树脂的质量（含有未完全聚合的单体）、与固化剂的配比、固化度、未固化物质（包括助剂）向食品的迁移。漆酚涂料中的游离酚、甲醛可向食品中迁移。高温固化成膜涂料常用的有环氧酚醛涂料、水基改性环氧涂料、有机硅防粘涂料和有机氟涂料。环氧酚醛涂料成膜后涂膜中仍可能含有游离酚和甲醛等未聚合的单体和低分子聚合物。水基改性环氧涂料中也含有环氧酚醛树脂，故也可能含有游离酚和甲醛。目前我国已经明确规定不得用酚醛树脂生产直接接触食品的容器、包装材料、管道、运送带。

此外，酚醛树脂的生产和使用会给环境带来一定程度的污染，影响整个生态环境。酚类（苯酚、二甲酚）和甲醛是生产酚醛树脂的主要原料，在生产酚醛树脂过程中将产生高浓度含酚、含醛废水。不同的生产工艺、操作条件，酚醛树脂废水中的酚和醛的浓度也不一样。这种废水如果不加处理直接排放，在造成环境严重破坏的同时，对人、动物及水生生物均会带来不同程度的毒害作用，影响生物的生长繁殖，影响经济的可持续发展。因此，注意或加强治理污染，包括废水处理和废旧酚醛树脂产品及其复合材料的循环利用，可使酚醛树脂工业健康而快速地发展。

7.6 黄曲霉毒素

1960 年英国的一家养鸡场，在短短的几个月中突然死掉了 10 万只火鸡。这些火鸡都患有同一种疾病：先是食欲缺乏，不吃东西，后是羽冀下垂、头向后仰、昏睡而死。解剖时发现，其肝脏均坏死出血，经多方研究分析，证明死亡的火鸡中有 80% 在伦敦周围 128 ~ 160 千米，与伦敦一工厂供应的商品饲料有关。饲料中含有由巴西进口的花生粉，据调查巴西花生受过含黄曲霉毒素的腐叶土的污染，从而含有黄曲霉毒素。同年，美国一艘从爱达荷州运输孵育鳟鱼的船，在加利福尼亚海岸被扣，许多鳟鱼患肝癌死亡，研究表明它们也与黄曲霉毒素有关。

黄曲霉毒素是黄曲霉和寄生曲霉的代谢产物，它包括 20 多种，其中以黄曲霉毒素 B1 的毒性和致癌性最强，比氰化钾大 100 倍。黄曲霉生长产毒的温度范围是 12 ~ 42 摄氏度，最适产毒温度为 25 ~ 33 摄氏度，最适水分活度值为 0.93 ~ 0.98。黄曲霉在水分为 18.5% 的玉米、稻谷、小麦上生长时，第 3 天开始产生黄曲霉毒素，第 10 天产毒量达到高峰，以后便逐渐减少。黄曲霉产毒的这种迟滞现象，意味着高水分粮食如在 2 天内及时干燥，将水分降至 13% 以下，即便污染黄曲霉也不会产生毒素。黄曲霉是我国粮食和饲料中常见的真菌。黄曲霉毒素污染可发生在多种食品上，其中以玉米、花生和棉籽油最易受到污染，其次是稻谷、小麦、大麦、豆类等。黄曲霉毒素除污染粮食等食品外，还污染干果类食品（胡桃、杏仁、榛子等）、动物性食品（奶及奶制品、肝、干咸鱼等）。另外，家庭自制发酵食品曾有报道有黄曲霉毒素产生。黄曲霉毒素急性毒性表现为肝细胞变性、坏死、出血及胆管增生，在几天或几十天内死亡。慢性毒性主要表现为动物生长障碍，肝脏出现亚急性或慢性损伤，肝功能降低，出现肝硬化。其他症状表现为体重减轻、生长发育迟缓、食物利用率下降、母畜不孕或产仔减少等。此外，黄曲霉毒素还是较强的化学致癌物质之一，其致肝癌强度比二甲基亚硝胺大75倍。

黄曲霉毒素是目前发现的致癌性最强的化学物质。据统计它比二甲基亚硝胺诱发肝癌能力大75倍，可见黄曲霉毒素直接威胁着人类的健康。1974年印度境内200个村庄曾暴发黄曲霉毒素中毒性肝炎，397人发病，106人死亡，这些村民中毒都是因为食用了霉变的玉米所致。非洲的乌干达是肝癌的高发区，有专家对这里出产的大米、麦类、高粱、花生进行了鉴定分析，证实其中含有黄曲霉毒素。还有专家在肯尼亚某地区对40万人所食用的食物中的黄曲霉毒素进行测定，表明黄曲霉毒素的摄入量与肝癌的发病率成正比。我国医学科学院的研究人员在新疆哈萨克族食管癌高发区对饮食的分析鉴定证明：食管癌与喝变质酸奶和霉变的酸奶疙瘩有关。黄曲霉毒素与亚硝胺还有协同致癌作用。当食物发霉后，二级胺、亚硝酸盐、硝酸盐的含量就明显地增加。因此，预防黄曲霉毒素危害人类健康的主要措施是防止食品受黄曲霉及其毒素的污染，并尽量减少黄曲霉毒素随同食品摄入人体的可能。要防止食物受污染，首先利用良好的农业生产工艺，从田间开始防霉。要防虫、防倒伏，在收获时要及时排除霉变玉米棒。在粮食收获后，必须迅速将水分含量降至安全水分以下。粮食入仓后，要保持粮库内干燥，注意通风。有些地区试用各种防霉剂来保存粮食，但要注意其在食品中的残留及其本身的毒性。选用和培育抗霉的粮豆新品种将是今后防霉工作的一个重要方面。另外，常用的去除毒素的方法包括：①挑选霉粒法：对花生、玉米去毒效果好。②碾轧加工法：受污染的大米加工成精米，可降低毒素含量。③加水搓洗法。④植物油加碱去毒法：碱炼本身就是油脂精炼的一种加工方法，黄曲霉毒素与氢氧化钠反应，其结构中的内酯环被破坏形成香豆素钠盐，后者溶于水，故加碱后再用水洗可去除毒素。⑤物理去除法：在含毒素的植物油中加入活性白陶土或活性炭等吸附剂，然后搅拌静置，毒素可被吸附而去除。⑥紫外线照射：利用黄曲霉毒素在紫外线照射下不稳定的性质，可用紫外光照射去毒。此法对液体食品效果较好，而对固体食品效果不明显。⑦氨气处理法：在176牛（18千克力）氨压、72～82摄氏度状态下，谷物和饲料中的黄曲霉毒素98%～100%会被除去，并且可使粮食中的含氮量增加，同时不会破坏赖氨酸。

7.7 “疯牛病”

“疯牛病”是一种人畜共患病，又称牛海绵状脑病，是一种发生在牛身上的进行性中枢神经海绵状病变，症状表现与羊瘙痒病类似。该病以大脑灰质出现海绵状病变为主要特征，表现为亚急性、渐进性和致死性神经系统变性。疯牛病是由朊病毒引起的，现在的消毒方法都不能消灭它，目前尚无有效的治疗方法，死亡率几近100%。该病于1985年4月首先发现于英国，并于1986年11月定名为疯牛病。疯牛病不仅在英国广泛流行，而且在其他许多国家和地区亦相继有病例报道，目前该病在全球呈蔓延趋势。由于疯牛病是人畜共患病，一旦发生所造成的直接和间接经济损失将无法估量。因此，疯牛病是世界各国口岸动植物检疫部门重点防范的传人家畜传染病之一。2001年日本发现亚洲首例疯牛病，2002年以色列发现该国首例疯牛病，阿曼、泰国、苏丹等国亦已有疯牛病的病例报告。2003年5月，加拿大发现北美大陆首例疯牛病。美国政府立即宣布禁止从加拿大进口牛肉及其制品，随后日本等其他许多国家也相继宣布了类似的禁令。2003年12月，美国报告在华盛顿州发现了首例疯牛病。随后，日本、韩国、加拿大、墨西哥、俄罗斯、菲律宾、巴西、澳大利亚、新加坡、泰国、马来西亚、智利及我国等均先后宣布禁止从美国进口牛肉。如果说疯牛病给世界带来的主要是经济上的巨大损失，那么因食用牛肉而引发的“疯人病”以及该病对人类健康潜在的巨大威胁则真正造成了世界性的恐慌。所以，我们应该了解一下疯牛病的一些特点。疯牛病的潜伏期为2~8年，平均为4~5年。发病牛年龄多为4~6岁，2岁以下罕见。迄今发现最小的病牛为22月龄，最大的15岁。调查表明，大多数病牛是出生后1年内被感染的。小牛感染疯牛病的危险性是成年牛的30倍，这可能与牛肠道生理功能和非特异免疫随年龄增长而发生改变等因素有关。疯牛病的易感动物为牛科动物，包括家牛、大羚羊、野牛等。易感性与品种、性别、遗传等因素无关。奶牛多发，因奶牛饲养时间比肉牛长，且肉骨粉用量大。猫科动物（包括家猫、虎、豹、貂、狮等）和其他食肉动物亦有一定易感性。

疯牛病对人类的危害，不仅仅是造成经济上的巨大损失（宰杀焚烧感染牛羊、消毒环境、处理有可能污染的饲料及动物源的加工产品等）和影响外贸（许多国家禁止购买英国及欧盟成员国的牛和饲料等），更严重的是食用疯牛病病牛的肉可导致人发生新型的变异型克－雅氏病，此病目前是100%死亡的不治之症。1999年12月，英国政府宣布已证实朊病毒可以由牛传播给人，并引起人的新型变异克－雅氏病，造成致命性神经变性。患克－雅氏病的患者最初表现为冷漠、进行性共济失调、记忆受损、阵发性痉挛，多在1年内死于全身感染。从1995年到2000年10月，英国已经确定的克－雅氏病有80余例。截至2003年年底，全球累计已有至少137人死于克－雅氏病，其中多数集中在英国。全世界目前尚无对疯牛病进行直接检验的方法，该病一旦确诊，只能存活4～6年，目前几乎无药可治。我国政府曾多次声明中国没有疯牛病，但传入我国的危险因素仍然存在，应保持高度警惕。

7.8 苯并芘

每至夏收，农民将收割的小麦铺晒在公路上借往来汽车轮胎的碾压作用脱粒，免除了“打场”之劳，殊不知这样做却带来了许多危害。公路晒粮影响了交通，汽车在摊晒麦子的道路上行驶，遇见转弯或险情时难以减速、刹车，往往发生事故，有关报道时有披露。另外，麦秆若卷在飞驰的汽车车轴上，因为摩擦生热甚至可引发火灾，造成车毁人亡的大事故。妨碍交通的害处摆在明处人们易于见到，实际上公路晒粮更大的危害还在于会造成粮食污染、破碎，给人体健康带来的潜在危害。大多数公路都是石油沥青铺设的，而沥青是炼石油剩下的渣滓，同碎石、沙子等浇制而成，它在常温下是黑色固态物质、主体含30～40个碳的烃类混合物，含有剧毒的苯并芘。大量研究资料表明，进入机体的苯并芘在肠道被吸收入血后很快分布于全身，乳腺及脂肪组织中可蓄积较大量的苯并芘。动物实验发现苯并芘可通过胎盘进入胎儿体内，产生毒性和致癌性，还是间接的致突变物。人群流行病学研究表明，食品中苯并芘含量与胃癌、肺癌等多种肿瘤的发生有一定关系。研究证明，生活环境中的苯并芘含量每增加1%时，肺癌的死亡率即上升5%。沥青在高温下易软化，如果麦粒晾晒在公路上经过高温和汽车轮胎的碾压，沥青中的有害物质就会转移到粮食中去，导致变色、变质、污染含毒。苯并芘污染粮食的途径有加工、储藏运输等，公路晒粮是其中重要的污染原因。而苯并芘的水溶性很低，清洗只能去除微量，所以苯并芘对粮食的污染问题引起科学界广泛关注。同时因公路晒晾受污染的粮食数量多、分布广，很难区分、处置，所以更应值得重视。

为了解决这一问题，可以从以下几点入手。

首先，应在公安、交通部门监理协助下做好禁止公路晒粮的工作，加大对违规的处理力度。

其次，应加强对公路晒粮造成粮食污染情况的宣传教育，做到人人皆知，使农民认识其危害性，自觉不在公路晾晒粮食。

最后，应统一规划，加强晾晒粮食场地建设，夏收期间，利用村镇空地，帮助农民解决整晒粮食的困难。

在现代都市中生活的人们，一样逃不开苯并芘的阴影。吸烟烟雾和经过多次使用的高温植物油、煮焦的食物、油炸过火的食品都会产生苯并芘。蛋白质、脂肪、碳水化合物等在烧焦时也会产生这种致癌物，如烤肉。苯并芘还存在于煤焦油、各类炭黑和煤、石油等燃烧产生的烟气、汽车尾气中。此外，焦化、炼油、沥青、塑料等工业污水也是生物链中苯并芘的重要来源。地面水中的苯并芘除了工业排污外，还来自洗刷大气的雨水，水中的苯并芘以吸附于某些颗粒上、溶解于水中和呈胶体状态等三种形式存在，其中大部分吸附在颗粒物质上。随着人们对食品安全的日益关注，国家应制定完善的法律法规，规范“三废”的排放，并做好监管工作；同时也需要人们提高自我保护意识，做到“绿色出行、环保生活、拒绝吸烟、健康饮食”，远离苯并芘。

俗话说：“病从口入。”在日常生活中，大多数人对自己的饮食并没有足够的重视。健康来源于细节，如果在烹饪时不讲究科学方法，忽略了细微之处的隐患；如果为了追求诱人的美味或降低成本而大量使用添加剂或不合格的容器，忽略了对健康不利的隐患，那么再好的食物都可能变成垃圾食品，再有营养的佳肴都可能变成毒害身体的元凶。这就要求我们必须具备健康消费意识、了解健康饮食知识，用“火眼金睛”发现一些诱人食品中暗藏的健康隐患，用“管住嘴”的实际行动实现健康饮食，用“科学烹饪”抵挡“妖魔鬼怪”的潜入，用食品安全的“警钟”敲开“良心经营”的大门，用强而有力的“食品监管”维护国民健康生活之路！

8 食品中的激素

食品中的激素主要有两种，一种是食品本身固有的，比如植物性食物中存在的植物雌激素，这类物质是植物在长期生长进化过程中，为适应生存环境而产生的次级代谢产物，当这种植物被我们食用时，植物雌激素就进入到了我们机体中，并对机体的生理过程发挥调节作用。另一种是在动物的饲养或食品的加工过程中，为了某种目的人为添加的激素。在正常进食状况下，食品中的固有激素对维护人体健康、调节生理功能和预防疾病发挥着重要的作用。但是，某些激素超过一定剂量时，就有可能给健康带来危害，特别是那些人为添加的激素。因此，要区别对待激素的种类、摄入量，以及食用人群，从而达到维护健康的目的。

8.1 植物雌激素

1926 年，人们从大豆及一些植物中发现了一类小分子物质，包括异黄酮类、木脂素类（或木酚素类）、香豆素类，由于其结构式与雌激素类似，且来源于植物，因此被统称为“植物雌激素”。

1954 年，美国学者布拉德·伯里和怀特鉴定出 53 种植物具有雌激素活性，如大蒜、燕麦、油菜、咖啡、茴香、甘草、大麦、苹果、香菜、樱桃、马铃薯、苜蓿等。随后，越来越多植物中的雌激素陆续被分离和鉴定。

根据化学结构，天然存在的植物雌激素主要有三类：异黄酮类、香豆素类和木脂素类。其他类型的植物雌激素还有：蒽醌类、查耳酮类、黄酮类、异戊二烯黄酮类和皂苷类化合物。

植物雌激素的分子结构与哺乳动物雌激素结构相似，虽然被人们称为“植物雌激素”，但其实它们本身并不是激素。它们可以低亲和度与雌激素受体结合，而发挥微弱的雌激素样效应，是一类具有类似动物雌激素生物活性的植物成分。

植物雌激素广泛存在于各种不同食品中。黄豆制品中通常含有异黄酮类，如豆腐、豆奶和豆浆等。亚麻籽、干蚕豆、扁豆和全谷物，通常含有木脂素类的植物雌激素。一些蔬菜和水果也含有植物雌激素，如甘薯、胡萝卜、芦笋、苹果、樱桃和大枣等。此外，大蒜、西芹和蜂王浆也是植物雌激素很好的食物来源。

大量的研究表明，围绝经期妇女采用雌激素替代疗法可明显改善绝经期妇女的症状、预防骨质疏松和心血管疾病，但是雌激素的长期应用会产生其他的副作用，如高血凝、高血压、水肿，并增加乳腺癌和子宫内膜癌的发病风险。因此，在寻求雌激素替代品的过程中，植物雌激素的发现引起广大学者们的关注。植物雌激素具有多种生理调节作用，主要体现在以下方面。

8.1.1 改善妇女绝经期症状

潮热是绝经期的主要症状，流行病学调查显示，在西方国家，60% ~80% 围绝经期女性会出现潮热等血管舒缩症状，而在亚洲，潮热的发生率只有 20%，这可能是由于东西方人的饮食习惯不同。潮热在一定程度上影响围绝经期妇女的生活质量。外源性补充雌激素能有效减少血管舒缩症状。

但很多围绝经期妇女由于惧怕潜在的乳腺癌和心血管疾病的风险，不愿意接受雌激素治疗。近年来，植物雌激素作为人工合成雌激素的替代品，备受众多围绝经期妇女的青睐，被用来改善绝经期症状。各种植物雌激素保健品潮水一般推向市场，比如畅销的“大豆异黄酮”，服用这类产品似乎已经成为当下女性的一种时尚，特别是更年期妇女。

科学研究表明，植物雌激素对人体激素能起到一种良好的平衡作用。据一项研究显示，当雌激素偏低时，人体所摄入的黄豆会增加人体雌激素水平；当雌激素偏高时，摄入的黄豆又会帮助降低人体雌激素水平。另外还有研究表明，植物雌激素还可以减缓经期症状，并帮助周期太短的女性延长月经周期。

8.1.2 抗癌作用

近年来的流行病学研究发现，亚洲国家的前列腺癌、乳腺癌、子宫内膜癌、卵巢癌和大肠癌的发病率和死亡率均低于西方发达国家。研究证实，这也与东西方的饮食结构有关，亚洲居民膳食结构中包含较多的植物雌激素，比如，每个亚洲人日均摄入异黄酮为25～45毫克，而以高脂肪、高蛋白、低纤维素为特征的西方膳食中，人日均异黄酮摄入量低于5毫克。

关于植物雌激素与癌症之间的关系，研究最多的就是乳腺癌和前列腺癌。大量的研究表明，植物雌激素能通过抑制肿瘤侵袭、抑制肿瘤血管生成、诱导肿瘤细胞凋亡、改变癌基因表达水平来抑制肿瘤的发生，在预防和治疗肿瘤方面具有一定的疗效，对其作用机制人们也有了一定的了解，它为肿瘤患者带来了福音，在预防和治疗肿瘤方面具有广泛的应用前景。

8.1.3 预防骨质疏松

骨质疏松症是指骨量减少、骨质量降低、骨强度下降，甚至骨折的一种病理现象。妇女进入更年期后，体内的雌激素水平随着卵巢功能衰退而逐步下降。在雌激素下降带来的各种身体变化的病症中，骨质疏松是一种比较严重的疾病。

研究已表明，雌激素替代疗法可以有效预防骨质疏松，但由于人工合成的雌激素有增加心血管不良事件和癌症风险等副作用，所以越来越多的中老年妇女开始选择副作用少的天然的植物雌激素，如大豆异黄酮。

近年来，很多学者研究植物雌激素在骨质疏松症动物模型中的防治作用，结果表明异黄酮类的植物雌激素通过抑制破骨细胞的活性和骨吸收过程，能增加骨的形成，维持骨密度。此外，单纯补钙很难被吸收，如果补钙的同时摄入植物雌激素，就可以促进钙的有效吸收，对绝经后妇女的骨质疏松症具有一定的防治效应。

虽然天然的植物雌激素在改善骨质疏松症的效力上仍不及人工合成的雌激素，但是对保护骨密度方面还是有一定的作用。关于植物雌激素对绝经期妇女骨质疏松症及骨折方面的保护作用，仍需要更多的临床试验进行验证。

8.1.4 预防心血管疾病

大量的研究表明，植物雌激素对心血管疾病具有重要的保护作用。一直大量食用大豆制品的日本民众，冠心病发病率仅为美国居民的1/6。日本的一项大样本流行病学调查也表明，摄入大豆蛋白也可以降低血清的胆固醇水平。

大量的临床试验表明，豆类蛋白能降低甘油三酯和低密度脂蛋白，增加高密度脂蛋白，起到调节血脂的作用。另外，大豆异黄酮还可改善冠状动脉的反应性，具有舒张血管、抑制动脉粥样硬化的作用。植物雌激素还可以抑制血小板聚集，从而起到抑制血栓形成的作用。

天然大豆食物中的大豆异黄酮对人体的有益作用是肯定的，到目前为止没有发现有不良反应发生。因此，鼓励女性在日常饮食中，多食用大豆类制品，而不提倡擅自使用人工提纯的激素。

8.1.5 改善认知能力

越来越多的实验研究证实，雌激素可以改善绝经期妇女的记忆力和认知能力，降低痴呆的发生率。但是，关于植物雌激素与认知能力和神经系统的研究目前多限于动物体内。人群流行病学的研究只有2例，分别对3 700名移居在夏威夷的中老年日本人，和居住在华盛顿的65岁以上的日本妇女进行调查，对食用豆腐类制品与脑功能和结构之间的关系进行研究，结果表明常食用豆制品与认知功能方面并没有必然联系。因此，关于植物雌激素与认知能力的关系还有待进一步的临床试验来证实。

既然植物雌激素有这么多的优点，是不是可以放心大胆地购买含有植物雌激素的保健品呢？还是要谨慎为之。原因有以下几点：

首先，传统的摄入植物雌激素的方法已经存在了几千年，而那些用于补充营养的片剂或胶囊之类却属于新生事物。目前，还没有人知道服用类似营养剂的长期效应到底如何。

其次，大豆异黄酮这个物质本身是好的，但其品质易受原料、提取工艺等因素的影响，且目前我国大豆异黄酮保健品还没有统一的标准，因此，老百姓很难判断自己购买的保健食品质量如何。另外，消费者并不清楚保健食品是否添加了药物，若过量摄入会导致其他的副作用。

最后，营养补充剂永远也不能代替真正的食物。因为食物中含有各种各样不同的成分，包括纤维、水分和其他营养元素，而这些在干巴巴的片剂或胶囊中是找不到的。

因此，不要盲目地选择植物雌激素等保健品，最好能咨询医生，来判断到底是否需要额外地补充雌激素。如果想达到一种长期的补充，最好是改变饮食结构，在饮食中科学地添加那些含有植物雌激素的食物，既经济实惠，又安全放心。

8.2 “靓丽”的水果

尽管居住在严寒的北方，我们依然可以购买到南方盛产的水果；尽管身在国内，依然可以购买到漂洋过海而来的进口水果。如今水果已跨越时间和空间的障碍，随时随地地供给人们享用。

然而，我们购买的水果大多都不是自然成熟的，因为完全成熟的水果质地软，长途运输过程中容易受压而腐败，所以大多水果都是在未成熟时被采摘、运输到目的地后经过人工催熟的。

我国古人就已经知道，在屋里燃香能促进水果的熟化，这正是因为，香燃烧时会放出微量的乙烯气体。若把水果放在灶台上，它们也会因为受到天然气或煤燃烧时产生的微量乙烯的影响而提前成熟。

1935 年，植物生理学家首次证明，乙烯是一种植物当中天然存在的激素类物质，它的主要作用就是调节植物成熟和衰老的速度。如果把熟水果和生水果放在一起并用塑料袋密封，生水果就会很快成熟，这正是因为熟水果自己就会释放出乙烯气体。

然而，乙烯气体使用起来很难操作，故而人类合成了“乙烯利”这种物质作为催熟剂，它只要溶在水中就会分解并放出乙烯气体，操作起来非常方便。

此外，市面上空腔寡味的巨大草莓、越来越酸涩的猕猴桃、外表鲜红里面却是绿心的西红柿、口感绵软也不甜的西瓜等越来越常见，很多消费者怀疑是加了膨大剂的缘故。

膨大剂是一种生理活性较高的细胞分裂素类生长调节物质，其主要成分是吡效隆（CPPU）。近年来，国内外在苹果、梨、柿、葡萄等果树上对吡效隆广泛进行了喷施试验，结果表明，吡效隆具有促进细胞分裂和膨大、提高酶的活性、促进叶绿素合成、提高光合效率、增加产量、改善品质的作用。

除了乙烯和膨大剂外，用于调节植物生长的激素还有很多，包括天然的植物激素和人工合成的化合物，统称为植物生长调节剂。每种植物生长调节剂都有特定的用途，而且应用技术要求相当严格，只有在特定的施用条件下才能对目标植物产生特定的功效。

面对催熟的漂亮水果老百姓犹豫了，这些使用植物生长调节剂的水果敢不敢吃呢，对人体的危害有多大呢?

首先，催熟剂乙烯利在水中分解变成气体乙烯，多余的乙烯会挥发到空气中，并不会在水果中残留，而且催熟剂的使用浓度也很低，不会对人体健康带来危害。这种催熟技术在世界各国应用了几十年，还从未出现危害健康的案例。

其次，植物使用膨大剂后，能促进植物的生长发育，植物会迅速膨大，但人体不会产生这样的反应。植物可以进行光合作用，把光能变成化学能，可以储存，可以将 CO_2 转变成糖，变成淀粉。可是植物和人体是两个完全不同的系统，人类没有这个作用，人必须吃东西进去以后，经过代谢，才能产生能量。

最后，动物源性食品中残留的雌激素，会导致孩子提前发育，就是常说的早熟。而给水果抹雌激素，对于催熟果实没什么作用。少吃香蕉并不能解决提前发育的问题，相反，通过控制肉类和脂肪摄入量避免儿童肥胖，以预防孩子提前发育才更有意义。

但是，虽然世界上很多国家没有明确禁止植物生长调节剂的使用，然而这并不足以说明植物生长调节剂的安全性，仍需要更多的实验研究来证实，特别是对用量、浓度和喷施时间的研究。

至于催熟的和使用膨大剂的水果不好吃，也是有一定原因的。有研究表明，膨大剂降低了套袋果实果肉中细胞壁物质含量和原果胶含量，增加了可溶性果胶含量等，这些都与水果不好吃有关系。因此，我们要学会辨别自然成熟的蔬菜、水果，尽量避免购买使用激素的果蔬，下面列举几个鉴别的方法。

（1）看果皮

尽管经过催熟的果实呈现出成熟的性状，但是果实的皮或其他方面还是会有不成熟的感觉。比如自然成熟的西瓜，由于光照充足，所以瓜皮花色深亮、条纹清晰、瓜蒂老结；催熟的西瓜瓜皮颜色鲜嫩、条纹浅淡、瓜蒂发青。

（2）闻香气

可以通过闻水果的气味来辨别。自然成熟的水果，大多在表皮上能闻到一种果香味，催熟的水果不仅没有果香味，甚至还有异味，催得过熟的果子往往能闻得出发酵的气味。

（3）掂分量

催熟的水果还有个明显的特征，就是分量比较重。同一品种大小相同的水果，催熟的同自然成熟的相比要重很多，很容易识别，比如催熟的西红柿和柿子。

（4）尝味道

催熟的果实虽然外观漂亮，但是最容易寡而无味，先尝后买，可以避免这一问题。

（5）看季节

明明不是某种水果的季节，但是却看到市面上有该种水果销售，提前了半个月或一个月左右，颜色又好看，很可能就是使用过催熟剂，比如提前上市的草莓和葡萄。

8.3 传言中的“激素鸡”

前几年，“激素鸡”就已经在网络上传得沸沸扬扬，“蜘蛛鸡”或“六翅鸡”的图片也在网络上纷纷曝光。肯德基和麦当劳曾因被怀疑使用“速成鸡”而生意清冷。激素鸡的传言一次又一次在网络上走红，关于激素鸡的恐慌不断卷土重来。消费者纷纷质疑：快餐业的鸡是三对翅膀、六条腿的怪鸡吗？如果不是激素喂养，怎么能有那么大的供应量？快餐店每天卖出那么多鸡腿、鸡翅，鸡的其他部分去哪了？网络上每次质疑都会引来所谓专家的“辟谣”，但仍是人心惶惶。激素鸡的传言到底可不可信呢？这不得不引起我们的深思。

激素鸡，顾名思义，用激素喂养使鸡种快速生长，也有人称为蜘蛛鸡、多翅鸡、变异鸡、多腿鸡、怪鸡、畸形鸡、速成鸡等。这一般都是盛行在网络上的谣言，甚至有人人工合成出荒诞的图片，称其有不可估量的危害与影响。

许多人提起规模化养殖的商品肉鸡时，总是把它和激素联系在一起，似乎使用激素成了这些肉鸡的“默认属性”，或者至少是“普遍配置”。其实这种想法是一个极大的误区，绝大部分的养殖户不敢、也没有必要对鸡使用激素。

首先，在肉鸡饲料中添加激素并非许多人想象中的行业常规，而是不折不扣的违法行为。我们翻翻《饲料和饲料添加剂管理条例》和《兽药管理条例》，里面都明文规定有“禁止在饲料和动物饮用水中添加激素类药品”，违反者将受到处罚。因此，认为那些养殖场每天都在大批大批地用激素喂鸡，那可真是大大地冤枉他们了。

其次，添加激素对于促进肉鸡生长其实并无效果，而且还会增加肉鸡患心脏疾病、腹水等疾病的风险。“偷鸡不成倒蚀一把米”，是给鸡使用激素的贴切比喻。事实上，目前在中国乃至全世界都没有发现在肉鸡养殖过程中使用激素的情况。激素价格昂贵，添加使用的技术要求复杂，如果添加激素来促进生长，会导致鸡的死亡率增加，而高死亡率对任何一个养鸡场来说都承受不了，所以使用激素促进肉鸡的快速增长，这种说法是很不现实的。

看到这儿消费者就更加疑惑了，以前的鸡从孵出来到杀，最起码也要养上半年；而现在的鸡 40 来天就能出笼（也叫出栏，指长到可以宰杀的重量），还比土鸡更重。不用激素，鸡怎么可能长这么快？使用激素是不是肉鸡产业中的潜规则呢？在这里要向大家透露白羽鸡快速成长的五大因素：

（1）遗传选育的结晶

为提高中国人的肉类消费量，我国的科研人员经过多年的努力研发，利用禽类杂交技术，最后锁定了白羽鸡。今天的白羽鸡生长速度快、饲料转化率高，主要源于鸡种的不断优化。从 20 世纪 70 年代初到现在，2 千克肉鸡的生长周期已从1976年的63天缩短到2007年的33天。

（2）科学的饲料配方

白羽鸡从雏鸡到出栏，在不同的生长发育阶段对营养有着不同的需求，因此在不同的阶段投放不同的配方饲料，以达到快速增长的目的。

（3）有效的防病防疫措施

洁净无污染的生长环境、严格的疫病防控措施，是白羽鸡得以健康生长的必要条件。

（4）标准化的鸡场设施

白羽鸡生长的鸡舍是一个自动控制温度、湿度、负压的全封闭环境，这为鸡的成长提供了稳定舒适、适合生长的环境。

（5）科学的饲养方法和管理条件

科学的饲养包括建立符合白羽鸡生长规律的光照、喂料、供水、通风等程序，以及按鸡群生长规律分阶段饲养等手段，确保白羽鸡从雏鸡到出栏快速并健康成长。

虽然澄清了激素鸡的事实，但还是会有人说为什么现在的鸡就是吃着不像鸡肉了，为什么就是没有肉味了呢？于是所谓“原生态”的土鸡也就更受大家的青睐，因为大家普遍认为肉鸡口感差，营养价值低，这又怎么解释呢？

目前在中国，最普遍的鸡肉食材是白羽鸡。白羽肉鸡产业是目前中国畜禽养殖产业中规模化养殖程度最高的产业。凭借先进科学的大规模集体饲养经验，使其生长周期大大缩短，并且有成熟快、出肉多的特点，其肉质相较于本土鸡所含的脂肪量少、肉汁丰富、纤维细嫩，所含的营养成分更容易被人体吸收。也因为白羽鸡肉质的特点，它们更适用于油炸、烧烤、煎、炒等鸡肉烹饪方法。

但是，肉鸡的养殖方式虽然提高了空间利用率，但也存在一些弊端，有些鸡舍比较拥挤、空气质量差，容易导致和传染疾病，饲养者不得不使用抗生素等药物，导致鸡肉中可能存在有抗生素残留的风险。另外，有些商贩违法销售病死鸡、注水鸡。其中，病死鸡极易引起食物中毒，使人感染人畜共患的疾病，而注水鸡则很可能会有肉类寄生虫和病菌的污染，这是影响鸡肉风味、营养价值和品质的重要因素。

中国传统的土鸡生长周期长，成熟缓慢，出肉少。肉质特点为脂肪多、风味浓郁，多适用于煲汤、红烧、白切等传统烹饪方法。现今市面上被称为“走地鸡”的本地散养鸡，其实很多是来自出路不明的小饲养场或是没有饲养经营执照的个体养殖户。这里出产的鸡的健康指标无法得到监控，更谈不上严格控制。

因此，为了能选到优质放心的鸡肉，可参考以下几点：

1）综合两种鸡的利弊，要想回避上述风险，最好购买正规渠道、包装上标有生产厂家等信息的鸡，因为正规厂家在出栏前一周会给肉鸡停药，其含抗生素的风险较小。

2）在挑选时，尽量选择颜色发白，不发黏的鸡肉。如果肉质发红、发黑，很可能是病鸡或死鸡。

3）买整鸡，可以通过刀口辨别：刀口不平整、放血良好的是活鸡屠宰；刀口平整甚至无刀口、有残血、血呈暗红色，就可能是死后屠宰的鸡。

4）如果鸡肉外层微干，不发黏、不粘手，用手指压后会立即复原状，无异味，则说明鸡肉比较新鲜。

5）翅膀上有红针眼或乌黑色，则很可能是注水鸡。可以用手指捏一捏皮层，若明显感到打滑，也可能是注水的鸡肉。

6）挑柴鸡的识别方法是看鸡爪。一般散养鸡的脚爪细而尖长、粗糙有力，而圈养鸡脚短、爪粗圆且肉厚。

7）对于鸡的各个部位而言，鸡屁股极易储存病毒病菌，鸡皮中的胆固醇和污染物含量较高，尽量不要吃。尽管鸡胗、鸡肝和鸡肾等内脏器官的营养高且美味，但也可能会有有害物质残留，应减少食用次数和食用量。

8.4 牛奶中激素的是与非

牛奶是人类重要的食品之一，世界卫生组织也把人均乳制品摄入量列为衡量一个国家人民生活水平的主要指标。但是2010年的“圣元奶粉致性早熟的事件”，一时间让刚从三聚氰胺事件走出的中国奶粉业又现阴霾。

婴幼儿和儿童是中国奶产品消费的主要群体，正处在生长发育期的孩子对激素敏感性很高，这使得越来越多的人对牛奶以及各种奶制品加大了关注。那么牛奶里到底有什么激素呢？人为因素导致的激素过高会产生什么危害呢？导致孩子性早熟究竟是怎么一回事呢？

天然的牛奶中本来就含有激素，叫作生长激素，它是动物脑中分泌的一种蛋白质，用于促进动物的生长。牛奶中的生长激素，不管是“天然”的还是“人工”的，都是蛋白质。一般而言，蛋白质进入体内之后，都会被分解成氨基酸碎片才能被吸收。但我们不能排除蛋白质整体或者大片段被吸收的可能。如果这种情况发生了，就有可能对人体产生其他影响，需要进行长期的检测来确定是否有害健康。美国食品与药物管理局（FDA）要求进行大剂量的短期动物实验。在连续28天中，老鼠被喂以大剂量生长激素（剂量高达为奶牛注射剂量的100倍），并没有观察到老鼠各项生理指标的异常。因此，FDA认为，食物中的生长激素不会被吸收，因而不必进行长期的安全性试验就可以做出安全的结论。

对于使用了生长激素的牛奶是否有害健康的疑虑还有一些，不过都没有生物学理论或者实验结果的支持，更多的只是一些逻辑上的“可能”。加拿大和欧盟的相关专业委员会审查了生长激素对奶牛健康的影响，结论是激素的使用对奶牛的健康造成了损害。最普遍的损害是乳腺炎发生率的增加，其次对奶牛的生育能力、腿脚等部位也有不利的影响。乳腺炎的增加导致抗生素使用增加，这又增加了人们从牛奶中摄取抗生素的可能性，从而带来新的健康隐患。不过，食品添加剂专家委员会的评估结论认为，在目前牛奶行业抗生素使用规范的前提下，这一“可能性”不会增加人们的健康风险。

奶牛自身激素的调节决定了奶牛分泌乳汁的多少，然而如今的许多奶牛养殖者，为追求经济效益，想尽办法改变千百年传统的奶牛养殖方法，导致牛奶激素过量。

一方面，为增加牛奶产量，奶牛养殖者可能减少牧草饲养奶牛，而用含动物蛋白的高蛋白饲料饲养，这些高蛋白饲料增加了奶牛体内的雌激素含量，并有可能增加牛奶中的雌激素含量。

现代奶牛生产中，奶牛在生产后三个月即可进行人工授精，替代了自然交配，几乎在整个怀孕期间持续泌乳，特别是妊娠后期，其血清中雌激素水平显著提高，牛奶中的雌激素也随之增加。据估计，大约75%的商业化牛奶来源于妊娠奶牛。

另一方面，为了提高产量，奶牛养殖者给奶牛注射激素催奶剂，人工诱导奶牛泌乳。一般对奶牛进行肌内注射。奶牛场的工人经常帮奶牛按摩乳房，那不是人性化的管理，其实是为了缓解奶牛乳房胀大时所产生的不适感。美国加州一些奶牛场给奶牛注射“控孕催乳剂”，使奶牛不怀孕就大量产奶，其产量竟然能够达到自然产奶量的10倍之多。此外，美国还会给奶牛直接注射生长激素，最高可增产20%。

如果人们长期饮用这些人为因素导致激素过量的牛奶，对人体会产生危害。

（1）致癌

有多项研究报道，牛奶及乳制品消费增加了男性前列腺癌发生的危险度。纵观过去50年，人类精子的数量下降了约50%。另外，在此期间，睾丸癌和前列腺癌的发病率明显增加，在许多国家睾丸癌已成为年轻人的常见肿瘤。

据世界卫生组织报道，在许多国家，与雌激素有关的乳腺癌和卵巢癌的发病率也明显增加，乳腺癌已成为女性较为常见的恶性肿瘤之一。流行病学资料显示，女性生殖系统肿瘤的发生与乳制品等的消费呈正相关，并认为饮食中的脂肪是乳腺癌的主要危险因素之一。

（2）性早熟

性早熟是一种以性成熟提前出现为特征的性发育异常。在性发育年龄以前出现了第二性征，即乳房发育，阴毛、腋毛出现，身高、体重迅速增长，外生殖器发育。

性早熟分为真假两种——如果性腺轴功能提前发动，则为真性性早熟；如果仅仅是有第二性征上的变化而没有中枢变化，则为假性性早熟。大部分通过食物摄取所导致的性早熟都属于假性性早熟。

青春期前，儿童体内产生雌激素少，对于外源性激素敏感性较高，外源性性激素对于其是危险的，可能使其生长加速或出现乳房发育等。一项国外的研究表明，对幼年雌鼠注射雌二醇（雌激素的一种），会导致小鼠性早熟。

性早熟儿童受体内性激素的影响，体格增长过早加速，骨骺融合提前，生长期缩短，生长过程提前停止，致使最终的成人身高低于按正常青春期发育的同龄儿童身高。虽性征发育提前，但心理、智力发育水平仍为实际年龄水平，而对于过早的性征出现和生殖器官发育会导致未成熟孩子心理障碍，也给生活带来诸多不便，严重者甚至影响读书学习。

但是对于“奶粉致性早熟”事件，婴儿“性早熟”的说法不准确，婴儿症乳房发育的诊断应为“单纯性乳房早发育”。起病常小于2岁，乳腺仅轻度发育，但不存在生长加速和骨骼发育提前。病因尚不明确，摄入雌激素只是可能的病因之一。

婴幼儿性早熟也不单纯因为牛奶中的激素，在我们的周围，孩子吃的、用的、玩的，都可能含有激素，从而导致孩子提早出现“性早熟”症状。对于我们消费者，牛奶是伴随我们一生的食品，不能因为闻“激素”色变而不食用牛奶。

目前，对于牛奶中的雌激素标准，各国都尚无明确规定，我国牛奶中激素安全性研究甚少。牛奶中的雌激素与人类健康的关系，是学术界面临的重大课题。而预防牛奶激素过高，应当从源头抓起。这需要不断完善我国食品相关法律，多部门加大力度综合管理，才能在不久的将来真的做到“放心牛奶，喝得放心”。

各类食品中，特别是肉类食品中的激素残留，对人体健康影响甚大。要避免食品的激素残留问题对我们子孙后代造成危害，需要做的工作还很多。首先是各主管部门要完善相关法规，加大执法力度，从种植和养殖环节进行源头治理；同时，需要普及相关食品安全知识，提倡科学健康的食品选购方式，比如到正规市场购买畜禽肉及其制品，少食用反季节水果，少食用动物内脏，少食用近海养殖海产品；在学术领域，需要深入研究食物固有激素对人体的生理调节作用，进一步加强食品中各类激素对人体健康影响的科学研究，积累各类食品中激素含量的本底值，制定科学合理的限量标准，保护广大群众特别是青少年儿童的健康，降低由食品中激素引发的食源性疾病风险。

9 食品选购

当我们在超市里推着小推车面对着琳琅满目的货架，感到的不是轻松和满足而是迷茫，不知道该如何选择。营养、健康是最起码的，绿色、有机当然更好，品牌、品质还都不能忽略，标签、标志和标准是购买的基本准则，厂家、产地和生产日期也很关键，还要理性对待广告和促销活动。

9.1 标签解读

面对超市里琳琅满目的包装食品，的确会眼花缭乱，不知如何选择。为了让消费者掏出口袋里的钱，食品商家都会在食品包装上使出各式各样的花招来吸引大家的注意。面对这些五彩缤纷的包装食品，我们都会试图从华丽的外表下搜集该食品的各种信息。

俗话说“会看的看门道，不会看的看热闹”，光从食品名称和包装上五颜六色的图片，还不能够完全看到它的本质。价格和品牌固然是购买食品的重要参考因素，此外消费者一定不要被口感和包装所迷惑，应认真地辨认和识读标签中的详细内容，以便买个明白、吃个放心。

食品标签是向消费者传递产品信息的载体，亦是食品的身份证明，指预包装食品容器上的文字、图形、符号，以及一切说明物。当然，食品标签上的内容不是随便添加进去的，为了让消费者了解产品的真正品质和内涵，各国都制定了相关的法律，要求加工食品在包装上必须写明产品的信息，以保障消费者的知情权。

早在 1987 年，我国就制定了《食品标签通用标准》，对我国食品标签中的主要内容进行了规范和标准化管理。该标准随后分别在1994年、2004年和2011年进行了修订。2012年4月20日起，由卫生部发布的GB 7718—2011《预包装食品标签通则》（以下简称“新《通则》”）已经正式实施。

新《通则》表示，直接向消费者提供的预包装食品标签标示应包括食品名称、配料表、净含量和规格、生产者和（或）经销者的名称、地址和联系方式、生产日期和保质期、储存条件、食品生产许可证编号、产品标准代号及其他需要标示的内容。

然而，消费者真的对这些信息买账吗？真的愿意行使自己的知情权吗？调查表明，绝大多数消费者根本不看包装上的产品品质信息，关注配料表和营养信息的比例也不足20%，而其中表示能够看懂的还不到1/4。如何读懂食品标签对于普通老百姓来说，确实是一件头疼的事情，特别是面对一些生疏的专业术语，更是摸不着头脑，至于如何选择适合不同人群的食品就更是难上加难了。忽略食品标签，盲目地选购食品，国家的法律法规就丧失了其保障消费者权利的作用了。

那么，食品标签应当如何读，不妨按以下项目逐一细看。

9.1.1 辨别食品类别

食品标签上通常会标明食品的类别，类别的名称是国家许可的规范名称，能反映出食品的本质，免得生产厂家忽悠老百姓。比如，超市中酸牛奶、乳酸菌饮料、乳酸饮料和含乳饮料常常摆放在一起，不少消费者在选购时会混淆不清，甚至误认为它们是同一类产品，其实通过“看”标签还是能区别开来的。

例如，当你拿到一盒饮料，包装盒上注明是“优酸乳”，究竟是一种饮料还是一种牛奶产品（酸奶）呢？仔细看会在包装上发现写着“乳饮料”一类的字样，你就会知道，这是在少量牛奶当中加了水、甜味剂、果味剂，不属于牛奶产品，而是含奶饮料。“酸牛奶”是用纯牛奶发酵制成的，属纯牛奶范畴。因此在选择酸奶的时候莫把“乳饮料”当作“牛奶”，两者的蛋白质含量相差很多，营养价值可是大相径庭了。

再例如，2006年《代可可脂巧克力及代可可脂巧克力制品》规定，凡是代可可脂添加量超过5%的产品都不能直接标注为“巧克力”，必须标明“代可可脂巧克力”或“巧克力（代可可脂）”。代可可脂是用以代替可可脂制作巧克力和可可粉的人造食用油，以植物油提炼而成，其结构与天然可可脂大为不同，是一种非常复杂的脂肪酸。代可可脂口感较差，没有香味，通常熔点要比可可脂高一些，代可可脂的巧克力食用过多，容易导致肥胖，会引发心脑血管等相关疾病。

9.1.2 看懂配料表

食品的营养品质，本质上取决于原料及其比例。按法规要求，各种配料应按制造或加工食品时加入量的递减顺序进行排列，加入量不超过2%的配料可以不按递减顺序排列。

例如，在为糖尿病患者选购杂粮饼干时，不仅要关注是否标注为“无糖食品”，还要看其配料表，如果某厂家生产的杂粮饼干的配料表上写着“小麦粉、食用植物油、燕麦粉、荞麦粉、玉米粉、高粱粉……”说明小麦粉的含量最高，这样的饼干不适合糖尿病患者食用，小麦粉中淀粉含量很高，在人体内最终转化成葡萄糖，引起血糖升高。如果产品的配料表上写着“燕麦粉、荞麦粉、食用植物油、小麦粉、玉米粉、高粱粉……”说明该类饼干中燕麦和荞麦粉的含量最高，燕麦本身是低糖、高能、高营养食品，而对于糖尿病患者来说，经常食用燕麦还具有降低血糖和减肥的功效，其品质显然会好得多。

目前，我国对食品添加成分的标注也越来越严格了。新《通则》规定，从2010年6月开始，企业不能简单用“着色剂（色素）”“香精”“甜味剂”“增稠剂”等模糊的名称，必须明明白白、如实地标注出所有的食品添加剂的具体名称，而且要放在“食品添加剂”一词的后面，让消费者明白这些陌生的名词都属于“食品添加剂”的范畴。这样一来，过去那些隐姓埋名的食品添加剂均出现在配料表中，比如一个小小的冰糕，有的居然含有几十种食品添加剂。

因此，消费者可以从配料表中直接看到一些陌生的名词，着色剂如“柠檬黄”“苋菜红”“胭脂红”等，香精如“酸奶香精”“蓝莓香精”和“玉米香精”等，甜味剂如“阿斯巴甜”“甜蜜素”“糖精”“木糖醇”“山梨糖醇”和“麦芽糖醇”等，增稠剂如“明胶”“黄原胶”和“卡拉胶”等。这些食品添加剂均经过安全性毒理学评价证明，在使用限量内长期使用对人体安全无害，所以不必被这些陌生的词汇吓到，当然，食品添加剂还是越少越好。

由于糖醇类甜味剂升血糖指数低，也不产酸，所以是糖尿病患者或者肥胖病患者的理想甜味剂，同时具有防止龋齿的作用。

9.1.3 阅读营养成分表

到超市里逛逛，不难发现目前已有不少包装食品标注了营养成分表，对于非专业人士的普通消费者来说，一些似曾相识的营养素名词配上一些摸不着边际的数值究竟意味着什么？你会关注营养成分表吗？如何读懂营养成分表，并利用它做出合理膳食的选择？

据国家营养调查结果显示，我国居民既有营养不足，同时又有营养过剩的问题，特别是脂肪、钠（食盐）、胆固醇的摄入较高，是引发慢性病的主要因素。没有一定的常识，"营养成分表"只能是"天书"。要想看得懂并且真正利用好，还必须提前先做一点功课。

营养成分表是食品标签上关于该食品主要营养成分的说明，因为必须以表格的形式出现，所以称为营养成分表。前不久卫生部发布的 GB 28050—2011《预包装食品营养标签通则》于 2013 年 1 月 1 日起正式实施。《预包装食品营养标签通则》规定，在食品预包装上，营养标签必须明确标示 4 种营养成分和能量的含量值及其占营养素参考值百分比，4 种营养成分即蛋白质、脂肪、碳水化合物（糖类）和钠，加上能量共 5 项。其他营养素亦可标注在这 5 项之后。

消费者在包装上能够找到清晰的营养成分表。规范的营养成分表中，将标注营养素的名称、含量、营养素参考值，如此一来，食物有什么营养，一看标签就知道了，每天摄入的能量就可以详细计算出来。表 9－1 是某品牌饼干的营养成分表。

9－1 表中，"每 100 克含量" 标注的是该食品中能量和各种营养素的绝对含量。即每 100 克该种饼干提供能量为 2 160 千焦、蛋白质 8.0 克、脂肪 25.8 克、碳水化合物 62.9 克、钠 518 毫克和钙 321 毫克。能量指该食品中产能营养素在人体代谢产生能量的总和，即 100 克该食品中蛋白质、脂肪、碳水化合物、膳食纤维等产能营养素的含量乘以各自相应的能量折算系数（表 9－2）并进行加和，能量值以千焦为单位标示。有些产品营养成分的绝对含量不是以每 100 克或每

100 毫升来计算的，而是以“每袋”“每罐”“每粒”或“每 15 克”计算的，在换算时这一点需要注意。

表 9－1 某品牌饼干营养成分表

项目	每 100 克含量	营养素参考值%（NRV%）
能量	2 160 千焦（kJ）	26%
蛋白质	8.0 克（g）	13%
脂肪	25.8 克（g）	43%
碳水化合物	62.9 克（g）	21%
钠	518 毫克（mg）	26%
钙	321 毫克（mg）	40%

表 9－2 食品中产能营养素的能量折算系数

成分	千焦/克	成分	千焦/克
蛋白质	17	乙醇（酒精）	29
脂肪	37	有机酸	13
碳水化合物	17	膳食纤维	8

然而，光知道每种食品四大营养素和能量的具体含量还不够，还得知道自己每天需要吃多少才有意义，营养素参考值（NRV%）就是起这个作用的。“营养素参考值%（NRV%）”标注的是该食品中能量和营养素的相对含量，即它们达到“营养素参考值（NRV）”的百分比。营养素参考值（NRV）是专门用于食品营养标签的一套数据，大致可以理解为每个人每天能量和营养素的合理摄入量。《预包装食品营养标签通则》规定能量的 NRV 是 8 400 千焦，蛋白质的 NRV 是 60 克，脂肪的 NRV≤60 克，碳水化合物的 NRV 是 300 克，钠的 NRV 是 2 000 毫克，钙的 NRV 是 800 毫克。

该饼干每 100 克提供能量 2 160 千焦，它达到能量 NRV（8 400 千焦）的 26%（2 160 ÷ 8 400 × 100% = 26%）；提供蛋白质 8.0 克，达到蛋白质 NRV（60 克）的 13%（8.0 ÷ 60 × 100% = 13%）；提供脂肪 25.8 克，达到脂肪 NRV（60 克）的 43%（25.8 ÷ 60 × 100% = 43%）；提供碳水化合物 62.9 克，达到碳水化合物 NRV（300 克）的 21%（62.9 ÷ 300 × 100% = 21%）；提供钠 518 毫克，达

到钠 NRV（2 000 毫克）的26%（518 ÷ 2 000 × 100% = 26%）；提供钙321 毫克，达到钙 NRV（800 毫克）的 40%（321 ÷ 800 × 100% = 40%）。其他营养素的相对含量（NRV%）也用同样的方法计算。

通过该食品的营养成分表，可知该食品属于高脂肪饼干，尽管含钙量多，仍不适合想减肥的消费者。因此读懂营养成分表，能够指导消费者选择适合自己的健康食品。

不同的人，可以利用营养成分表挑选适合自己的不同的食品：

1）想减肥的消费者需选择低能量、低脂肪的食品。

2）糖尿病患者要关注碳水化合物的含量。

3）钠盐和饱和脂肪摄入过多会增加人们患心血管病的风险。

4）反式脂肪酸不属于人体所必需的营养成分，它除了提供能量外对人体并没有什么好处，反而容易升高低密度脂蛋白胆固醇，这种人造脂肪非常不利于健康。

5）利用蛋白质含量可以辨别牛奶和乳饮料，蛋白质含量达 3% 以上的牛奶制品才能被称为牛奶，蛋白质含量仅在 1% 左右的牛奶制品称为乳饮料。

6）选择膳食纤维含量高的食品有益身体健康。

7）“零能量”的饮料，并不一定都是不含一点能量的，并不有助于减肥。

9.1.4 对比产品净含量和规格

净含量是指标签上注明的容器或包装内食品的重量。有些食品看起来价格便宜，让消费者怦然心动，其实是厂家为了促销，将包装产品进行瘦身，同时降低价格出售。大部分消费者只看价格，忽略了产品的净含量和规格，因此很容易上当。

例如，一种酸奶原来是 250 毫升，卖 2 元一袋，赶上厂家促销活动时价格为 1.8 元，价格可能令你心动，但是细看标签上的净含量是 220 毫升，实际上不但没有降价反而略微涨了一点。再例如，一箱早餐奶原来是 250 毫升 × 24 包，售价 35 元，现在是 250 毫升 × 22 包，售价 33 元，规格发生了变化而导致价格下调，其实并没有优惠。

另外，有些包装商品的净含量标注前或者后印有“C”标志，则说明该生产企业具备了定量包装商品计量保证能力，并通过了当地省级质监部门的核查，推荐购买（指同等情况下）。

9.1.5 查看生产日期、保质期和保存条件

生产日期是指食品成为最终产品的日期，也包括包装或灌装日期。通常包装食品上的生产日期字体比较小、位置也比较隐蔽，消费者必须认真查找才能找到，特别是在购买保质期较短的食品时一定要重视。

保质期是指预包装食品在标签上指明的储存条件下保持品质的期限。在此期限内，产品完全适于销售，并保持标签中不必说明或已经说明的特有品质。随着时间的延长，食品的品质会有不同程度的下降，食品仍是安全的。然而，为了获得最大的益处，应当尽可能选择生产日期最新的产品。比如，刚生产出来的香肠味道鲜美；刚出厂的酸奶中乳酸菌活菌数量最多；冷冻食品随着保存时间的延长，维生素也逐步下降，口味也在慢慢变差。

目前，许多超市设置了临界食品专区，即马上过期的食品，超市常将这类产品进行打折出售，许多人都对这样的临界食品产生了顾虑，不知究竟能不能买回家。正常情况下，只要在保质期内，食物可以正常食用，大可以放心购买。只是购买回家后要尽可能早点吃完，不要再储藏很久。

另外，在购买各种食品时，不仅要看厂家标注的“生产日期”和“保质期”，还要注意观察销售环境是否符合保存要求。因为许多食品都有不同的储藏条件，如冷冻、冷藏、避光、阴凉、干燥等，如果不符合标签上规定的条件，即使食品没有超过保质期或保存期，有可能也会变质。比如，有些商店的酸奶是在常温下销售，夏天气温高，可能一两天都涨袋了，尽管保质期是21天，仍然不能饮用。

当然，不是所有的包装食品上都必须有保质期，比如新《通则》规定下列预包装食品可以免除标示保质期：酒精度大于等于10%的饮料酒、食醋、食用盐、固态食糖类、味精，或者包装物和包装容器的最大表面积小于10平方厘米时，可以只标示产品名称、净含量、生产者（或经销商）的名称和地址。因此，当碰

到这些包装食品上没有保质期时，也不必大惊小怪。

9.1.6 查看生产者、经销者的名称、地址和联系方式

新《通则》修改了生产者、经销者的名称、地址和联系方式的标示方式，生产者、经销者的名称、地址、联系方式的标注有助于消费者根据生产者的信誉度进行选择，出现质量问题便于消费者联系生产厂家。

9.1.7 查看食品生产许可证编号和产品标准代号

新《通则》规定，预包装食品标签应标示食品生产许可证编号。食品生产许可证编号是食品生产许可证标志的一部分，由英文大写 QS 与 12 位阿拉伯数字组成，前 4 位为受理机关编号，中间 4 位为产品类别编号，后 4 位为获证企业序号。比如，广州市某一月饼获证企业编号为 QS440124011234，4401 为广州市区划代码，2401 为糕点（月饼）产品类别编号，1234 是糕点类别企业序号。

另外，销售的预包装食品应标示产品所执行的标准代号和顺序号。产品标准代号可以反映食品质量特性及产品依据标准。

9.1.8 注意致敏原

食品致敏原标志在发达国家和地区，如美国、欧美、加拿大、日本及我国香港的食品标志法规中已有明确的要求，我国内地也在 2011 年修订的《预包装食品标签通则》中特意将可能导致过敏反应的致敏原作为非强制要求进行标示。

目前我国要求标示的致敏原信息主要包括以下 8 个方面的内容：①含麸质的谷类及其制品，如小麦、黑麦、大麦、燕麦等。②甲壳类及其制品如蟹、虾等。③鱼类及其制品，如鲈鱼、鳕鱼等。④蛋类及其制品，如鸡蛋、鸭蛋等。⑤花生及其制品，如花生、花生酱等。⑥大豆及其制品，如大豆、豆粉等。⑦乳类及其制品，如牛奶、乳糖等。⑧坚果及其制品，如杏仁、腰果等。

食品企业标示致敏原是一种负责任的表现，也是消费者食品选择的一个指标，对那些有食物过敏史的人群来说，为避免食物过敏提供了帮助。

仔细查看以上信息之后，产品的优劣就一目了然，老百姓不会再被广告宣传

忽悠，不会再为促销活动而心动，理性的判断和挑选合适的食品将会变得容易许多。消费者如果能够正确地理解食品标签的含义，合理为家人挑选健康的食品，也可以督促企业开发健康的产品，营造一个健康积极的竞争环境，当每个消费者都成为选购食品的大行家的时候，我国的食品品质也会越来越高！

9.2 安全标志识别

随着人们对食品安全的日益关注，食品包装上的各种质量认证标志成了人们关注的指标，比如 QS 标志。购买无公害食品、绿色食品和有机食品的观念也已经深入人心，但在鱼龙混杂的市场里，如何正确辨认这些食品可是一门学问。

同等条件下，最好优先选择通过认证的产品。然而，这些标志都代表什么，对于普通老百姓来说恐怕很难都回答上来。为此，很有必要将这方面的知识进行系统的普及，下面将逐一对各种标志的含义进行介绍。

9.2.1 变脸的 QS 标志

目前，市场上食品包装上的 QS 标志有两个版本（图 9－1），一个是“质量安全”，一个是“生产许可”，消费者在购买食品时常感到疑惑，不知究竟该如何选择。

其实，这两个版本都是符合规定的，只是新旧版本更替而已。旧的 QS 标志，是以“质量安全”的英文（Quality Safety）首字母“QS”和“质量安全”中文字样组成。为了更准确地表达生产许可证的内涵，强调食品生产实施许可证制度，在 2010 年，国家质检总局下发《关于使用企业食品生产许可证标志有关事项的公告》。该公告规定，2010 年 6 月 1 日起，QS 标志以“企业食品生产许可”的拼音“qi ye shi pin sheng chan xu ke”的缩写“QS”表示，并标注“生产许可”中文字样。

目前市面上会有两个版本的标志同时出现，是由于新旧版本更替需要一个过渡期。2010 年 6 月以前取得食品生产许可的企业，有 18 个月的过渡期，以完成旧版生产许可证标志包装物的更替。也就是说，从 2012 年 1 月 1 日起，所有出

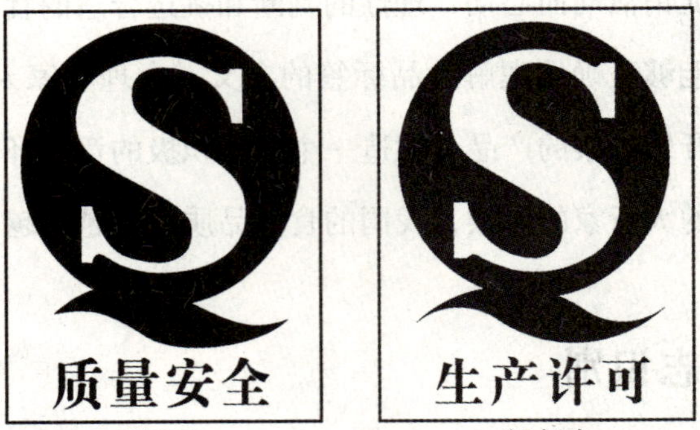

旧版本　　新版本

图 9－1　新旧版本 QS 标志图形

厂的食品标签中 QS 标志应该是“生产许可”字样的，而“质量安全”字样不得再使用。因此，只要还在保质期内，印有旧 QS 标志的产品还是合法的，可以购买食用。

消费者在选购食品时，首先要检查是否加印有 QS 标志，凡是检验合格的食品才能加印 QS 标志，没有 QS 标志的食品不准进入市场销售。

另外，还要对 QS 标志进行真伪辨认，QS 标志主色调为蓝色，字母“Q”与“质量安全/生产许可”4 个中文字为蓝色，字母“S”为白色。该标志的式样、尺寸及颜色都有具体的制作要求，使用时可根据需要按比例放大或缩小，但不得变形、变色。例如，某食品包装上的“QS”标志的颜色不是标准的深蓝色，而为紫色或者黑色，就要对其产生怀疑了。

“QS”标志除了上述的图形，还有自己的证书编号，每家获证企业的每个获证产品都有对应的证书编号，编号为英文字母 QS 加 12 位阿拉伯数字。对于只有 QS 标志而没有生产许可证编号的食品，消费者一定要提高警惕、谨慎购买。面对不知名品牌的食品，可登录国家质量监督检验检疫总局网站（www. aqsiq. gov. cn）进行查询，或者拨打语音电话 11698365，编辑短信“qs + 12 位数字代码”发送到 9588365 也可以查询到 QS 编号所对应的企业、产品及证书有效期等信息。

9.2.2　无公害食品

我国是一个发展中国家，环保水平还比较低，农产品的生产加工、包装储运过程及组成成分等诸多方面都存在不利于环保的因素，农产品在国际上的销售问题突出。1996 年，中国冻鸡曾因不符合欧盟卫生检疫标准，被禁止进入欧盟市场；1998 年，欧盟又以中国部分酱油中含致癌物三氯丙醇为由，禁止进口中国非大豆发酵方式生产的酱油，使中国酱油出口额从 1 亿美元降到 400 万美元；1998 年中国出口农产品因农药残留检测不合格而被退货，金额达 74 亿美元。显然，农产品的安全质量问题已严重阻碍和制约了农村经济的持续发展。

因此，安全、无污染的优质无公害农产品成为提高农产品质量的主要手段，建立无公害农产品生产基地，推广无公害农产品生产技术，清洁生产安全的无公害农产品，使农产品质量不仅要符合中国标准，而且要符合国际标准或进口国标准，才能参与国际农产品市场竞争，扩大农产品市场占有率，促进农业和农村经济快速发展，加快农业产业化进程和农民增收致富步伐，确保人们食用农产品不致损害身体健康。

在中国食品安全体系中，无公害食品是食品安全的底线标准。无公害食品指源于良好生态环境，按照专门的生产技术规程生产或加工，无有害物质残留或残留控制在一定范围之内，并通过部门授权审定批准，可以使用无公害食品标志的优质农产品及其加工制品。

无公害农产品标志图形主要由麦穗、对钩和无公害农产品字样组成。麦穗代表农产品，对钩表示合格，金色寓意成熟和丰收，绿色象征环保和安全（图 9－2）。标志必须经向当地无公害管理部门申报及得到批准才可获得使用权，使用期为 3 年。

图 9－2 无公害农产品标志图形

人们常常认为无公害食品比普通食品高一个等级，喜欢将它和不施农药之类的联系在一起。其实，在无公害农产品生产中，允许按规定程序使用农药、化肥，只是有害物质残留不会超过允许标准。广义上的无公害农产品，涵盖了有机食品、绿色食品等无污染的安全营养类食品。

通俗地说，无公害蔬菜应达到“优质、卫生”。“优质”指的是品质好、外观美，维生素C和可溶性糖含量高，符合商品营养要求。“卫生”指的是3项指标不超标，即农药残留不超标：不含禁用的剧毒农药，其他农药残留不超过标准允许量；硝酸盐含量不超标，一般浓度应控制在432×10^{-6}以下；工业“三废”和病原菌微生物等对蔬菜造成的有害物质含量不超标。

消费者在购买食品时，要查看包装上是否加贴全国统一的无公害农产品标志，通过辨别标志的真伪，来判断该产品是否是无公害农产品。其次是揭开全国统一的无公害农产品标志，产品或包装上留有16位防伪数码，可以通过以下方式查询该产品是否为无公害农产品。查询方式如下：①拨打全国统一电话16840315或010－64451885查询。②手机短信息查询，移动用户将16位防伪数码写短信发送到3315；联通用户将16位防伪数码写短信发送到93315。③通过互联网查询，登录中国农产品质量安全网查询。通过查询不但能辨别标志的真伪，而且能了解认证产品的生产厂家、产品名称、品牌等相关信息。

9.2.3 绿色食品

绿色食品并非指“绿颜色”的食品，而是特指产自优良环境，按照规定的技术规范生产，实行全程质量控制，无污染、安全、优质并使用专用标志的食用农产品及加工品。自然资源和生态环境是食品生产的基本条件，由于与生命、资源、环境相关的事物通常冠之以“绿色”，为了突出这类食品出自良好的生态环境，并能给人们带来旺盛的生命活力，因此将其定名为“绿色食品”。

绿色食品标志是由中国绿色食品发展中心在国家工商行政管理总局商标局正式注册的质量证明商标。我国绿色食品标志的图形由三部分构成，即上方的太阳、下方的叶片和中心的蓓蕾。图形整体采用正圆形结构，意为保护。整个图形喻示明媚阳光照耀下的和谐生机，提示人们绿色食品正是出自纯净、良好生态环境的安全无污染食品，能给人们带来蓬勃的生命力。绿色食品标志还提醒人们要保护环境，通过改善人与环境的关系，创造自然界新的和谐（图9－3）。

图9－3 绿色食品标志图形及文字

绿色食品等级分为两个技术等级，即AA级和A级。其中AA级绿色食品在生产过程中不使用任何有害化学合成物质，而A级绿色食品在生产过程中允许限量使用限定的化学合成物质。

绿色食品必须同时具备以下条件：

1）产品或产品原料产地必须符合绿色食品生态环境质量标准。

2）农作物种植、畜禽饲养、水产养殖及食品加工必须符合绿色食品的生产操作规程。

3）产品必须符合绿色食品质量和卫生标准。

4）产品外包装必须符合国家食品标签通用标准，符合绿色食品特定的包装、装潢和标签规定。

绿色食品与普通食品相比较，有三个显著特征：

1）强调产品出自最佳生态环境。绿色食品生产从原料产地的生态环境入手，通过对原料产地及其周围生态环境因素的严格监测，判定其是否具备生产绿色食品的基础条件。

2）对产品实行全程质量控制。绿色食品生产实施“从土地到餐桌”全程质量控制。通过产前环节的环境监测和原料检测，产中环节具体生产、加工操作规程的落实，以及产后环节对产品质量、卫生指标、包装、保鲜、运输、储藏、销售等的控制，确保绿色食品的整体产品质量，并提高整个生产过程的技术含量。

3）对产品依法施行标志管理。绿色食品标志是一个质量证明商标，属知识产权范畴，受《中华人民共和国商标法》保护。

消费者选购食品时，如何识别绿色食品？最基本的方法是观察食品包装上是否具备“四位一体”的绿色食品标志，即由食品标志图形、“绿色食品”的汉语文字英文字母、使用标志的产品编号和防伪标签组成整体的绿色食品标志系列。该系列标志应严格按规范设计，出现在产品包装（标签）的醒目位置，通常置于最上方，和整个包装（标签）保持一定的比例关系，不得透叠其他色彩图形。产品编号应以该产品获得的标志许可使用证书为准，其后附“经中国绿色食品发展中心许可使用绿色食品标志”的说明，并须与标志图形出现在同一版面。

有绿色食品标志，并不代表该食品一定是安全的，因为绿色食品标志也有“有效期”。2012 年 10 月 1 日，号称“史上最严”的《绿色食品标志管理办法》（以下称为“新规”）正式实施，新规大幅提高了抽检率和处罚力度，旨在整顿鱼龙混杂的绿色食品市场。新规规定，绿色食品标志的有效期为 3 年，时间从通过认证获得证书当日算起。期满后，生产企业必须重新提出认证申请，获得通过后才可以继续使用该标志。因此，消费者购买食品时也要注意绿色食品标志是否已经过期。

如何辨认食品标志是否过期，可采用下面两个方法：

1）通过绿色食品标志的编号来辨认，其编号形式为“LB－××－××××××××××（A－AA）”，或“GF－××××××－××－××××”。“LB”是“绿标”拼音缩写，后面的两位数字代表产品分类，最后 10 位数字含义如下：一、二位是批准的年度，三、四位是批准月份，五、六位是省区，七、八、九、十位是产品序号，A 或 AA 代表产品级别。例如，山东某绿色食品的编号为 LB－15－0910153498A，因此，本产品是 2009 年 10 月获取证书，产品级别为 A 级。“GF”是新国标，是英文 Green food 的缩写，“GF”是绿色食品企业信息标志代码，前面的 6 位数字代表地区代码，中间两位数字是认证年份，最后四位数字是当年序号，自 2009 年 8 月 1 日起实施新的编号制度。产品编号与企业信息过渡期截止日期为 2012 年 7 月 31 日，此后所有获证产品包装上统一使用企业信息码。

2）消费者可登录“中国绿色食品网”辨认所购产品的真伪，在网站上查询专栏中输入“LB－15－0910153498A”，就会查到该产品的详细信息，本产品是山东省生产的豆角，企业名称为“济南太平西瓜销售中心”，有效期区间为“2009－10－23 至 2012－10－22”。

9.2.4 有机食品

早在1939年，一本名为*Look to the Land*的书中提出了有机耕作的概念，从此，欧美国家开始了漫长的“有机革命”，从未停止过寻求无污染的有机食品的脚步。

有机食品也叫生态或生物食品，是目前国际上对无污染天然食品比较统一的一种叫法。这里所说的“有机”不是化学上的概念，即分子中含碳元素，而是指采取一种有机的生产、耕作和加工方式。有机食品是指按照这种方式生产和加工的，产品符合国际或国家有机食品要求和标准，并通过国家有机食品认证机构认证的一切农副产品及其加工品，包括粮食、蔬菜、水果、奶制品、禽畜产品、蜂蜜、水产品、调料等。

有机食品通常来自于有机农业生产体系，根据国际有机农业生产要求和相应的标准生产加工。有机农业是一种新型的农业生产方式，指在动植物生产过程中不使用化学合成的农药、化肥、生产调节剂、饲料添加剂等物质，以及基因工程生物及其产物，而是遵循自然规律和生态学原理，采取一系列可持续发展的农业技术，协调种植业和养殖业的平衡，维持农业生态系统持续稳定的一种农业生产方式。

虽然有机农业近似于最古老的农业形式，但是绝对不是回到了刀耕火种的生产方式。今天的有机农业采用了注重生态平衡的系统方法，包括长期规划、详细跟踪记录以及对设备和辅助设施的大笔投资。

除了有机食品外，国际上还把一些派生的产品如有机化妆品、纺织品、林产品，或为有机食品生产提供的生产资料，包括生物农药、有机肥料等，经认证后统称为有机产品。

据对北京和上海等城市的调查显示，有机食品比普通食品的价格一般高出

30%～80%，有些品种，例如有机蔬菜的价格为普通蔬菜的2～4倍。究其原因主要有以下几点：

1）种植环境的转换。普通农场要转变为有机农场需要有2～3年的转换期，将残留的农药和化肥释放掉，还要置换土壤，灌溉用水也要保证质量，在转换之前，农场均处于赔钱阶段。

2）劳动力投入大。因为不能用农药除虫、除草，只能通过人工捉虫、除草，雇佣劳动力需要支付工资。

3）周期长、产量低。由于不能使用化学肥料，只能用发酵的有机肥，所以蔬菜生长缓慢，产量也低。

4）认证费用。有机食品必须通过国家认证机构认证合格后，才能贴上有机食品的标签出售，认证需要检测大气环境、土壤和水质，均需要一些费用，另外还需要支付认证费用。

随着人们对健康生活的追求以及对无污染食品的渴望，有机食品也开始迅速走俏，特别是在欧美发达国家。我国有机食品的生产目前仍处于起步阶段，生产规模较小，且基本上都是面向国际市场，国内市场较少。在美国几乎每家超市都有销售有机食品的专柜，而且有1/3的消费者会选择购买有机食品。

有机食品在生产过程中不使用化学合成的农药，产品中没有化学农药的残留，除了对人体健康有利，对我们生存的环境也有利；有机农业提倡保持产品的天然成分，可保持食物最初的味道，有机肥料代替化肥使得瓜果蔬菜变得有滋有味；有机生产过程可追踪、可追溯，是一种可以信赖的产品；另外，有机产品在生产过程中可以减少碳的排放。因此，选择有机食品，不仅选择了健康，也选择了低碳生活。

目前许多商家和厂家为吸引顾客的注意，纷纷打出“有机食品”的口号，但是光凭“有机”两个字并不能断定它就是有机食品，必须有一定的依据。但是面对各种各样的有机食品标志，如何辨认和选择真正的有机食品，的确让消费者犯难。想要购买到真正的有机食品，可参考以下几点：

1）看标志。我国有机产品的标志包含两种，一种是有机产品，一种是有机转换产品。根据标准要求，处于转换阶段的产品就只能用转换期产品的标志。有机转换产品的标志与有机产品的标志最明显的区别是颜色，有机产品标志的颜色是绿色的（图9－4），而有机转换产品的标志的颜色是棕色的（图9－5）。

图9－4 中国有机产品GAP认证

图9－5 中国有机转换产品GAP认证

2）看认证机构。经过认证的产品必须在使用有机标志的同一个版面内，注明该产品认证机构的名称，如果没有注明认证机构，只有有机的标志，那这个产品至少在标志使用上是不规范的，也有可能是假的。

目前中国已有近30家有机食品认证机构，常见的如隶属于国家环境保护总局的南京国环有机产品认证中心（OFDC）和隶属于农业部的中绿华夏有机食品认证中心（COFCC）。其中，OFDC得到国际有机农业运动联盟（IFOAM）的认可。

国际上常见的有机产品认证机构标志有欧盟有机认证和美国农业部有机认证。按照国际惯例，有机食品标志认证一次有效许可期限为一年。一年期满后可申请“保持认证”，通过检查、审核合格后方可继续使用有机食品标志。

3）看证书。有些超市销售有机产品的时候，会同时展示有机产品的证书，证书上有公司名称、认证机构名称等信息，这种一般不会造假，因为若有造假超市要承担很大的责任。

4）看有机码。从2012年7月1日起，所有的有机产品都拥有唯一的“电子身份证”，即有机码。消费者凭有机食品的唯一编码，可登录国家认证认可监督管理委员会网站，在“中国食品农产品认证信息系统”（http：//food. cnca. cn）中查询该有机码对应的产品信息，可查到食品出自哪家公司、哪个基地，甚至还可以实地考察。

由于价格较高，并且认证、质量控制程序较复杂，有机产品与普通产品的营销渠道也存在不同。建议广大消费者到有机产品专卖店、大型商场、超市购买有机产品，尽量不要到农贸市场、批发市场或在不可信的网站购买有机产品。

如果消费者在购买有机产品时发现问题，可与销售单位进行核实，也可拨打12365、12315电话向质检、工商部门投诉、举报。

尽管一些研究人员和消费者认为有机方式生产的食品在口感和营养方面比普通食品要好得多，但目前还没有具体的指标能区分出有机食品和普通食品。至于外观，有机食品和普通食品没有明显区别，有时有机食品的卖相甚至更差一些。关于有机食品的营养价值是否优于普通食品，目前尚无定论。

目前，国内市场管理机制还不完善，有机食品仍面临着鱼龙混杂的现状。对于有机产业应如何发展，专家们也是意见不一，但还是对这个产业未来的高速发展非常有信心，满怀期待迎接“有机时代”的到来。

9.2.5 无公害食品、绿色食品、有机食品的区别

无公害食品、绿色食品、有机食品都是经过质量认证的安全农产品，它们之间有联系也有区别（图9-6）：

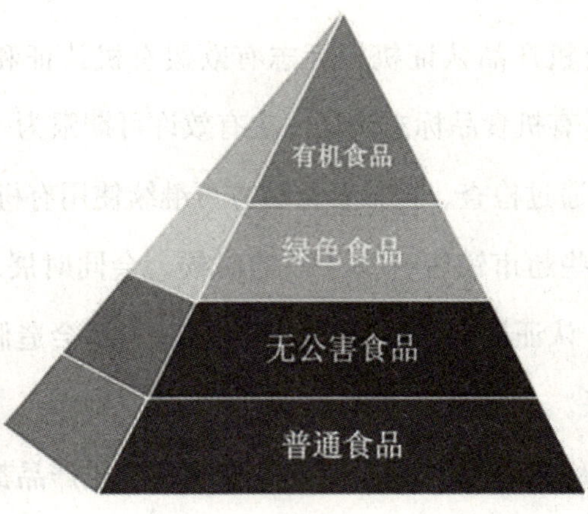

图9-6 食品金字塔

无公害食品是一种满足基本要求的产品，普通食品都要达到这一标准，是绿色食品和有机食品发展的基础。

绿色食品是从普通食品向有机食品发展的一种过渡性产品，介于无公害食品与有机食品之间。

有机食品要求种植的土地有两到三年的转换期，生产过程中禁止使用农药、化肥、激素等人工合成物质，不允许使用基因工程技术。

9.3 粮食类选购

在我国居民膳食中，粮食类是主要的构成部分，是人类赖以生存的物质基础，主要包括小麦、大米、玉米、高粱、荞麦、小米、燕麦以及豆类等。粮食中含有人体需要的多种营养，能提供人体需要的50%～60%的能量和50%～55%的蛋白质，同时也是矿物质和B族维生素的主要来源。

在食品安全问题频出的今天，如何合理正确地选择健康的粮食，也是一门不浅的学问，下面主要介绍我国居民的两种主食——面粉和大米的选购方法，以供消费者购买时作为参考。

9.3.1 面粉

我们常说的“面粉”，是由小麦加工制成的小麦粉，是北方人的主食。面粉富含蛋白质、碳水化合物、维生素和钙、铁、磷、钾、镁等矿物质，根据其中蛋白质含量的多少，面粉可分为高筋粉、中筋粉和低筋粉。

根据加工级别不同，面粉可分为特制粉（也叫精制粉或富强粉）、标准粉及普通粉三种。三种面粉虽然质量不同，但挑选方法基本相同。挑选时可从水分、颜色、味道三个方面来鉴别面粉是否合格。

（1）水分鉴定

用手指捻粉，有细腻滑爽之感；或者手抓一把面粉稍用劲捏，松开不结块；或者轻拍面粉袋即有面粉飞扬，即可判断面粉水分含量适中。若手捏后，易成团结块、发黏，手搓阻力大，且内部有发热感，则可判断面粉含水分高，遇高温天气易发热、发霉变质。

（2）颜色鉴定

正常的小麦粉，色泽为白中略显浅黄或乳白色，如麦香粉。近年来，许多的不法生产者把面粉增白剂（过氧化苯甲酰）和吊白块违法添加到面粉等食品中进行增白，面粉及其制品呈雪白或惨白色，严重损害了消费者的身体健康。过氧化苯甲酰可破坏面粉中的维生素，使面粉在剧烈的氧化作用后失去面粉固有的色、香、味，降低面粉的质量；且长期食用会对肝脏造成损害，世界上许多国家包括我国在内是严禁使用的。2002 年 10 月国家质检总局也发布实施了禁止在食品中添加吊白块的规定。

然而，面粉生产中绝对不添加增白剂是不可能的，食用级漂白剂如过硫酸铵常常用于面粉的生产中。因此我们不必将面粉中的增白剂视为“洪水猛兽”，只要生产企业严格按照国家标准所规定的添加量进行生产和控制，我们尽可放心食用。

通常来说，面粉颜色越白，加工精度越高，面筋含量也越高。精制粉细白、口感好、味美，人体容易吸收，但其维生素含量低，如果长期食用，易导致维生素缺乏等病症。标准粉比精制粉略粗，色泽较差，麸星较多，但它含有较多维生素、矿物质等，营养成分较为全面，对人体健康有益。

另外，面粉的保存时间过长，或面粉受潮，其颜色也会加深以至发乌，这样的面粉也不可购买。

（3）味道鉴定

新鲜的面粉，有淡淡的麦香气味，无其他异味，若有腐败味、霉味、陈腐味或哈喇味说明面粉储存时间过长或受污染已变质。过量添加不合格的漂白剂，也会使面粉有较重的化学味道。另外，将干面粉放在嘴里，如果有磣牙现象，说明面粉含沙量高；如果味道发酸，则可判断面粉酸度高。

除此之外，查看面粉包装上的信息，除了要有详细的生产厂商、经销商资料及生产日期、保质方法、保存期限外，尽量选用标明“保证不添加增白剂”的面粉。

9.3.3 大米

大米是稻子脱壳而成的，虽然北方人更偏爱面食，但是目前不管是在南方还是北方，米饭都是必不可少的，是我国居民公认的主食。大米中各种营养素含量虽不是很高，但因人们食用量大，故其也具有很高的营养功效，是补充营养素的基础。

按加工精度将大米划分为一到四级。一级大米背沟无皮，或有皮不成线，米胚和粒面皮层去净的占90%以上；二级大米背沟有皮，米胚和粒面皮层去净的占85%以上；三级大米背沟有皮，粒面皮层残留不超过1/5的占80%以上；四级大米背沟有皮，粒面皮层残留不超过1/3的占75%以上。也就是说，等级越高，加工的精细化程度越高，各种营养成分的可消化率和吸收率也越高，口感也越好，但其中的无机盐、B族维生素（特别是维生素 B_1）、膳食纤维含量却低了很多。因此提倡粗细粮混搭的方法来克服精米营养素丢失的缺陷。

如何选购到优质的大米，可参考以下“一看、二抓、三闻、四尝、五洗”的原则：

（1）看

首先，最容易鉴别的一点，就是看有无杂质。级别越高的大米外壳去除得越干净，糠粉也少，带壳米粒、稻谷粒、沙石、煤渣、砖瓦粒等杂质也越少。如果米粒中有虫蚀粒和虫尸，则说明是陈米。

其次，看米粒的大小，优质大米颗粒完整，大小均一；质量差的大米米粒散碎，或碎米比例较多。

再者，看大米的颜色，优质大米的米粒白而有光泽，质量差的米米粒颜色发灰。米粒腹部常有一个不透明的白斑，白斑在米粒中心部分被称为“心白”，在外腹被称为“外白”。大米腹白部分蛋白质含量较低，淀粉含量较高。一般含水分过高、收后未经后熟和不够成熟的大米，腹白较大。如果米粒上出现一条或多条横列纹，即为爆腰米，爆腰米是大米在干燥过程中发生急热、米粒内外收缩失去平衡造成的横列纹。腰爆米食用时外烂里生，营养价值降低。如果米粒呈黄色，是由于米粒中的营养成分受自身内源酶或微生物酶作用而变化，使得胚乳呈黄色，这种米营养价值降低，香味和食味也较差，严重的还可能产生霉菌毒素等致癌物质，颜色越深毒性越大。如果米粒呈暗色，颜色发灰，说明大米陈化现象较严重。如果米粒的色泽过白、手感过滑，就有可能是上光的；若呈淡绿，有可能是以人工着色剂染色。

然后，看米粒的硬度，优质大米的硬度大，透明有光泽。米粒的硬度主要是由蛋白质的含量决定的，米粒的硬度越强，蛋白质含量越高，透明度也越高。一般新米比陈米硬，水分低的米比水分高的米硬，晚米比早米硬。

最后，消费者在购买大米时还应留意查看包装上标注的内容，如包装上是否标注产品名称、净含量、生产企业的名称和地址、生产日期和保质期、质量等级、产品标准号等。

（2）抓

抓一把大米在手中，优质的大米，抓着感觉滑爽，松手后有“沙沙”声，残留在手中的糠粉很少；而抓陈米或质量差的米后会有涩感，手上也沾满米糠粉，严重变质的米还易碎或易成粉状。优质的大米比较干燥，当把手插入米中时，有干爽之感。

（3）闻

手中抓取少量大米，向大米哈一口热气，或用手摩擦生热，然后立即嗅其气味。新米或优质大米有天然的清香味；而陈米或质量差的米无清香的味道，或者有霉味，严重的还有臭味。

（4）尝

抓取几粒大米放入口中细嚼，干燥的大米有“咯嘣”的响声，微甜且不粘牙齿，无异味。如果没有响声又粘牙齿，说明水分含量超标，有异味说明是陈米或被污染。

（5）洗

淘米时发现有油花漂浮在水面，并且淘洗后水呈绿色，则很有可能是毒大米；而虫蛀米加水后会漂浮于水面，这点很容易看出来。

9.4 蔬菜水果类选购

五颜六色、清爽可口的蔬菜和水果，是我国居民每日膳食中不可缺少的组成部分，简直可称为“完美食品”。众所周知，蔬菜、水果除含有丰富的碳水化合物、维生素和矿物质外，还富含有各种有机酸、芳香物质和着色剂等成分，这些成分使蔬果具有特殊的香味和颜色，赋予蔬果良好的感官性状，对增进食欲、促进消化、丰富食品多样性具有重要意义。

除此之外，蔬果中还有多种多样的植物化学物质，是人们公认的对健康有效的成分。另外，蔬菜水果中还含有一些酶类、杀菌物质和具有特殊功能的生理活性成分，果蔬中更多的营养素正在逐渐地被人们研究发现。

在日常生活中，面对种类繁多、来源不定、品质不一的各类蔬果，如何选择健康、安全的食物，的确不是一件容易的事情。不仅要满足身体营养素的需要，还要安全卫生，对人体健康没有危害。在选购蔬菜、水果时，可以遵循以下的原则。

9.4.1 优先选择本地的蔬果

中国有句古话，“一方水土养一方人”，即当地盛产的蔬果最适合当地人的体质，这种想法与日本、韩国现在盛行的“本地饮食养生法”也不谋而合。

如今，地域已经不再是障碍，超市里聚集了各国各地的新鲜水果和蔬菜，经不起诱惑的人们忍不住要尝个鲜，尽管价格不菲仍争相购买。其实，蔬果类由于保鲜时间短，且需要较低温度，故从远方运送来的蔬果多需要经过防腐处理；或在未熟时就采摘，运到销售地时再使用催熟剂催熟。这样，从外地运来的蔬果，不仅营养成分流失多，有可能会在运输过程中受到污染，过量防腐剂也可能有害健康，而且口味也不好，价格也要高一些。

而当地的水果、蔬菜，大多等到成熟的时候才采摘，不仅口味好，营养丰富，而且不需要用保鲜剂处理，污染较小，运输费用、包装费用、冷藏费用等也较低。因此，盲目追求那些漂洋过海远道而来的进口水果是不明智的。

在美国，很多蔬果销售商都会计算“food miles”（食物英里数），即食品是从多远以外的地方运来的，他们提倡吃临近农家种植的蔬果，而不是远方运来的反季节食品。

9.4.2 优先选择应季的蔬果

孔子主张：“不时不食”，也就是说，不是时令的蔬果不吃。现如今，科技发达，冬天能吃到夏天的水果，夏天能吃到冬天的蔬菜，尽管这使我们的餐桌丰富了许多，但是我们还是应以应季的食物为主。

不合时令的蔬菜、水果多需要喷洒大量药剂才能提前或延后采收上市，或者种植在大棚里。大棚里种植的蔬菜、水果，在植株开花时常需使用一些植物激素帮助挂住果实，那些形状怪异、个头偏大或有空腔的蔬菜、水果，就很有可能是使用了过量的植物激素而导致的。

而且反季节蔬果的营养成分和口味也远不如时令产出的。食物得天地物候之气，与气候环境的变化是密切相关的。不合时令的食物，失去了它本身季节的特性，营养价值就会因此改变，比如冬天大棚里种植的西红柿，维生素C的含量只有夏季露天种植的西红柿的一半。

因此，从古至今，人们都热衷于吃应季的食物。从食物当中感受到四季变化，体验到人与自然协调的美感和幸福。当然，北方冬季时令蔬果种类很少，大多数都是大棚菜或者外地运输过来的，偶尔尝个鲜也是允许的，但还是要以应季蔬果为主。

9.4.3 蔬果种类多样化

蔬菜可分为叶菜类、根茎类、瓜茄类、鲜豆类和花芽类，所含营养素因其种类不同，差异较大。例如，大部分蔬菜蛋白质含量很低（1%～2%），而鲜豆类平均可达4%。同样，大部分蔬菜的碳水化合物含量为4%，而根茎类蔬菜可达20%以上，如土豆、芋头、甘薯和藕等。深绿色蔬菜维生素C含量较浅色蔬菜高，叶菜中含量较瓜菜中高，如苋菜中维生素C为每100克47毫克/100g，小白菜为每100克28毫克，而黄瓜为每100克9毫克，丝瓜为每100克5毫克。胡萝卜素在绿色、黄色或红色蔬菜中含量较多，如胡萝卜、南瓜和苋菜。核黄素和叶酸在绿色叶菜中含量较多。

水果种类也很多，根据果实形态和生理特征分为仁果类、核果类、浆果类、柑橘类和瓜果类等。新鲜水果的营养价值与新鲜蔬菜相似，是人体矿物质、膳食纤维和维生素的重要来源之一，特别是维生素C和胡萝卜素含量较高，如鲜枣、草莓、橘、猕猴桃中维生素C含量较多，而芒果、柑橘、木瓜等含胡萝卜素较多。

蔬菜、水果对人们的健康至关重要，但是没有一种蔬菜或者水果能够提供健康所需要的所有营养成分，不能因为偏爱某种蔬菜或水果就每天大量食用，或者以蔬菜代替水果，这都是不科学的饮食。每日饮食中尽可能蔬菜、水果多样化，以获取多种的营养成分，达到营养均衡，这样才有利于身体健康。

9.4.4 购买场所要正规

我们经常遇到路边的小摊，满满一车色泽鲜艳的橙子，惹得人直流口水，而且价格也便宜，忍不住要买上一些。殊不知这些橙子有可能进行了“易容术”，将着色剂注射到橙子皮里，再在皮上打些石蜡；或者把长有霉斑的橙子清洗干净、晾干，然后用石蜡给橙子打蜡上色。诸如此类的“易容”蔬果很多，比如，催熟的香蕉、西红柿、柿子和葡萄，喷酸的荔枝、泡酸桃子、石灰芒果、顶花黄瓜和丝瓜等。

然而，普通老百姓很难正确鉴别这些“易容”过的水果和蔬菜，至于农药残留是否合格，光从外表更是难以判断，如何购买到安全卫生的蔬果，的确让消费者犯难。

因此，最好的办法就是到正规的集贸市场和超市购买，这些场所的蔬菜、水果一般都经过农药残留检测，合格才能上市，同时认真阅读当日水果、蔬菜检测告示，检查食品安全标志，如无公害食品、绿色食品和有机食品的标志。不要简单认为田间地头和流动摊贩的水果、蔬菜最新鲜而盲目购买，这些场所销售的果蔬大多没有经过抽检，不能保证农药残留合格。

此外，购买水果尽量买套袋的，农药残留低。如果担心蔬果中的农药和激素含量高，食用蔬果前最好在水中充分清洗浸泡，食用水果时尽量削皮，不好去皮的水果要经半小时浸泡后再食用，严格按照“一洗、二浸、三烫、四烹调”的工序进行加工。

9.4.5 谨慎购买形状怪异的蔬果

过去，形状怪异的蔬菜、水果一般均为自然界的“杰作”，其成因是水果在开花期或小果期受到了外界的刺激，从而导致形状发生了改变。最常见的是温度的变化，如天气突然变冷或变热。但这样的水果只是形状变化了，个头通常和形状规则的水果差不多。

当今，这种形状古怪、个体特大的蔬果比比皆是，却多半是由于栽培过程中使用植物激素或农药而导致。许多水果在生长过程中，人为使用催熟剂或膨大剂，导致生长过快、营养分布不均匀、微量元素缺乏、味道也差，特别是温室栽培的蔬果。另外，氮磷肥施用过多引发缺钙、缺硫等现象也会使果蔬畸形，产生表面不光滑等现象。而且，用过植物激素后，果蔬的个头会变得异常大，而内部却非常空。

比如，叶子窄的韭菜的味道更香浓，而叶子特别宽大肥厚的韭菜，多半是使用了激素。个头特大、有棱有角、奇形怪状或中间有乳头状凸起的畸形西红柿，可能使用了过量激素，味道也不好。果农在种植草莓过程中使用膨大剂，增进果实的细胞分裂使体积增大以达到增产的目的，使得草莓个头大、颜色佳、中间有空腔，甚至有些还长得奇形怪状的，而吃起来寡淡无味，闻着也不香。有方棱的大猕猴桃也是使用膨大剂的结果。

目前没有确切证据表明植物激素对人体的危害有多大，但仍然建议大家别买“歪瓜裂枣”。如果形状稍有不规则，最好挑个头适中的，特别是给孕妇和孩子吃的蔬果。

9.4.6 因人而异

尽管蔬菜和水果含有较多有益人体健康的维生素、微量元素和纤维素等，但并不意味着各种各样的蔬菜和水果都适合于每一个人。客观地说，每个人的身体状况并不相同，各种蔬菜和水果的性能及其对人体的作用也是不同的。因此，不做任何选择地一味遵循“多吃蔬菜、水果”的原则，或者过分依赖主观判断及个人喜欢去选择蔬果而导致偏食，这两种做法均具有很大的盲目性。

比如，糖尿病患者为了控制血糖，以蔬菜代替水果，甚至拒绝一切有甜味的水果，以“有无甜味”的原则选择食物，这样容易引发维生素和矿物质的缺乏，从而引起代谢紊乱，这样的做法显然是错误的。

水果的确对血糖升高有一定影响，但并没有想象中影响那么大。碳水化合物也称糖类，包括果糖、双糖、寡糖和多糖，其中单糖中的葡萄糖、双糖中的蔗糖易被身体吸收进入血液，对血糖升高有促进作用，而多糖中的膳食纤维不能被人体消化吸收，具有重要的营养学价值。糖尿病患者在两餐之间，可以选择血糖指数较低的水果，比如柚子、鲜桃和梨。

再比如，高血压患者日常膳食中可选择含钾丰富的蔬果，蔬菜可选择新鲜绿色叶菜、豆类和根茎类，水果选择香蕉、杏和梅等。便秘患者可选择含膳食纤维丰富的芹菜、茭白、薯类等蔬菜。

9.5 奶及奶制品选购

我国奶制品行业是一个起步晚、基础薄弱的行业，我国居民的奶类食品消费量明显低于世界平均水平。然而近年来，随着我国国民经济的发展和人民生活水平的提高，奶业发展迅速，奶类产品的销售量出现了逐渐递增的趋势，奶及奶制品在我国居民的膳食中已经变得很常见。

自 2008 年震惊全国的“三聚氰胺奶粉事件”以来，我国奶制品的安全性日益受到人们的关注，虽然目前我国奶制品的安全性不容乐观，但是国家对奶制品的质量安全管理也越来越严格，对奶制品的管理体制正在逐步地趋于完善。

奶类产品包括牛奶、羊奶、马奶及其制品，其中人们食用最多的是牛奶。奶类产品是一种营养素种类齐全、组成比例适宜、容易消化吸收、营养价值高的优质天然食品，奶类产品对于提高优质蛋白质、钙及维生素的供给具有重要的意义。

奶主要是由水、脂肪、蛋白质、乳糖、矿物质和维生素组成的一种复杂乳胶体，水分占86～90%。根据不同的需要，通常利用原料奶加工成各种奶类食品，主要包括消毒牛奶、酸奶、奶粉、炼乳、复合奶、奶油和奶酪等，加工工艺不同，各类奶制品的营养价值也有很大差异。

下面详细介绍几种常见奶及奶制品的知识及选购方法。

9.5.1 消毒牛奶

消毒牛奶，也称为鲜奶，是将新鲜牛奶经过冷却、净乳、加热杀菌、匀质和包装后出售的液态奶，消毒牛奶除了维生素 B_1 和维生素C有损失外，营养价值与新鲜生牛奶差别不大，蛋白质含量都在3%以上。

消毒牛奶最常采用巴氏消毒法，即鲜牛奶冷却后，加热到65摄氏度，持续30分钟；或者加热到72～76摄氏度，持续15分钟。巴氏消毒奶是一种“低温杀菌牛奶”，其优点是牛奶中的营养成分基本没有发生变化，缺点是仅仅杀灭了牛奶中的病毒，而不是杀灭所有的微生物。因此这种牛奶从离开生产线，到运输、销售、储存等各个环节，都要求在4摄氏度左右的环境中冷藏，以防止牛奶中的微生物“活跃”起来。

巴氏消毒牛奶是世界上消耗最多的牛奶品种，英国、澳大利亚、美国、加拿大等国家巴氏消毒奶的消耗量都占液态奶80%以上，品种有全脱脂、半脱脂和全脂的。在美国超市里，几乎全是巴氏消毒奶，而且都是大包装，人们习惯周末到超市一次购买够全家一周饮用的量，常能看到人们的购物车里放了好几大桶巴氏消毒奶，其价格比酸奶要便宜很多。

但在我国市场巴氏消毒牛奶并不算特别普及，只在某些饮用需求量较大的城市才有。因为储存条件严格，储存期太短，一般4摄氏度冷藏只可保存7～15天，有的小城镇根本买不到。近年来，一些奶站逐渐走进社区，由奶牛场直供巴氏消毒奶。巴氏消毒奶刚开始喝，会觉得味道比较淡，但只要你连续喝一周，就会真正感到你是在“品奶”，就像品茶一样，越喝越香，甚至会上了瘾。

另一种消毒法是超高温灭菌法，即采用134～135℃的高温，瞬间消毒4秒，使得牛奶中的有害细菌、微生物和孢子全部被杀灭。其产品一般分为灭菌纯牛奶和调味灭菌奶两种。

研究证实，经超高温灭菌的牛奶，一些不耐热营养成分如维生素等会遭到破坏，并破坏了原有的口味，但其他的营养成分如钙都没有发生明显变化。超高温消毒牛奶通常采用利乐包装，可与外界空气完全隔离，使得牛奶不再受到细菌污染，还可避免因阳光和氧气作用而导致的营养素的进一步破坏。这种牛奶在常温下的保质期长达数个月，方便消费者在任何场合饮用。

面对众多厂家的消毒牛奶和铺天盖地的广告，选择合适的消毒牛奶要注意以下几点：

1）根据自身的需要。如果有足够的时间去超市，则尽量购买巴氏消毒奶，这样每天都能喝上新鲜的牛奶；如果只有周末空闲或者好几周才去一次超市，可以购买能长期保存的常温奶。为获得更多的营养成分，如果有条件的话，最好购买巴氏消毒牛奶。

2）不要被牛奶的口味所迷惑。牛奶并非越香浓就越优质，有的是在里面添加了香精或奶油来制造奶香味，远不如天然的奶香味好。

3）不要被牛奶的钙含量所迷惑。大部分牛奶的钙含量是相差不多的，有的厂家为了吸引顾客，在天然牛奶中添加化学钙，化学钙是不能被人体吸收的，长期饮用这样的牛奶，容易导致体内结石的产生。

4）选择知名企业产品。在价格相同的条件下，首选大型超市销售的知名企业生产的名牌产品。

5）注意查看生产日期和保质期。购买时留意包装上的生产日期和保质期，如果买了快过期的牛奶，回家要尽快喝完。另外，注意超市里销售牛奶的环境，特别是消毒牛奶，观察是否在冷柜里保存。

9.5.2　酸奶

酸奶是一种发酵奶制品，以新鲜的牛奶为原料，接种乳酸杆菌后，经过不同的发酵工艺而成，蛋白质含量≥2.3%。近年来，已经备受各类人士的喜爱，成为一种老少皆宜的美味饮品。

酸奶不仅保留了牛奶的所有优点，而且大分子物质的降解和益生菌的代谢又产生了许多新的营养物质，比如，在发酵过程中乳酸菌还可产生多种维生素，如维生素B_1、维生素B_2、维生素B_6、维生素B_{12}等。同时，在发酵过程中将乳糖转化成了乳酸，且乳酸可有效地提高钙、磷在人体中的利用率，益生菌也得到了有益扩增，形成了独特的风味，营养价值更高，而且更易消化吸收，适合各类人群饮用，特别是消化不良的婴幼儿和老年人，或乳糖不耐受的人群。最新的文献也报道，酸奶具有降低血压、提高免疫力、预防癌症、减肥美容等作用。

酸奶的浓稠度与营养没有直接关系，而与制作方法密切相关。根据制作方式不同，酸奶可分为凝固型、搅拌型和添加各种果汁果酱等辅料的果味型。

凝固型即牛奶在添加生产发酵剂后立即进行包装，并在包装容器中发酵而成。我国传统的玻璃瓶和瓷瓶装的酸奶就属于凝固型酸奶，这种酸奶口感浓稠。搅拌型即在发酵罐中接种生产发酵剂，凝固后，再加以搅拌盛入杯中或其他容器内。果粒酸奶属于搅拌型酸奶，相对来说比较稀薄，颗粒细腻，风味更好，营养更全面，更利于消化吸收。有的搅拌型酸奶为了增加浓稠度，会在制作过程中加入一些增稠剂，如明胶和膳食纤维。明胶是蛋白质胶体，易被人体吸收。膳食纤维包括海藻胶、果胶、植物种子胶等。这些物质有助于消化，且不产生能量，对人体有益无害。

因此，在购买酸奶时，除了根据喜欢的口味来选择外，还要仔细查看营养标签，选择蛋白质和钙、锌、硒含量高的酸奶，注意生产日期和保质期，查看是否涨袋。下面再为大家具体介绍一下挑选酸奶的注意事项。

（1）辨别菌种

如今酸奶产品的竞争已经进入了“细菌战”时代，酸奶的包装上各种菌种的专业名称加起来不下 10 种，比如“AB100”“BE80”“LGG”“龙根 B 菌”“双歧因子”“益生菌”等。有些酸奶不仅标明菌类名称，还标明了菌群数量，如“每千克富含 100 亿个活性益生菌”等。还有些广告则大力宣传各菌种能帮助消化，具有不同的保健功能。

其实，酸奶中添加的菌群虽然名目繁多，但作用大同小异，主要是有利于人体消化吸收。据了解，制作纯天然发酵酸奶的菌种无外乎就是乳酸链球菌和乳酸杆菌，而目前市场上宣称的各种菌群只不过是添加了促进乳酸菌繁殖的成分。如一些标明添加“双歧乳酸杆菌”的酸奶就是在乳酸杆菌中添加了以低聚果糖或异麦芽糖为主的双歧因子。

目前国内虽然有100多家企业都生产益生菌酸奶，但其中只有三五个菌种耐酸性较强，能够抵抗胃液的强酸。而且，由于菌群需在低温冷藏条件下才能存活，所以包装上标明的活菌群的数量与饮用时的数量是不一致的。另外，如果摄取菌群过多，也会破坏人体肠道中的菌群平衡，反而使消化功能下降，因此没必要刻意追求更多的菌群种类。

另外，市面上有不少用牛奶、糖、柠檬酸、香料和防腐剂等加工配制而成的“乳酸奶”，保质期超过20天，因其含的是灭活菌，所以不具备酸奶的活菌保健功效，购买时要仔细识别。

（2）辨别酸奶种类

仔细查看包装上的标签，以便于区分产品是纯酸奶、调味酸奶、果味酸奶，还是乳饮料，再根据产品成分表中脂肪含量的多少，选择自己需要的产品。

鉴别乳饮料的方法通常有三个：一是仔细看包装说明，在××乳、××奶字样的右下方，常会隐藏着饮料或饮品字样；二看配料表，乳饮料中排在第一位的是水，第二位才是牛奶；三看蛋白质含量，纯酸奶的蛋白质含量通常大于2.9%，调味酸奶和果味酸奶通常也大于2.3%，而乳饮料通常都低于1.5%。乳饮料不仅蛋白质含量低，而且各类添加剂也很多。

选择知名企业产品。消费者选购酸奶产品时，应选择规模较大、产品质量和服务质量较好的知名企业的产品。

少量多次购买。由于酸奶产品保质期较短，且需在2~6摄氏度下保存，因此选购酸奶时应少量多次，并且注意购买环境，如果不是低温冷藏，酸奶的质量也不能保证。

此刻，当消费者再次面对琳琅满目的货架时，心中已经有了一些可参考的衡量标准，可能已不那么迷茫，将各个指标进行对比后将不难发现其中的佼佼者。目前，食品的种类日益增多，食品中的安全隐患无处不在，食品的质量良莠不齐，这些都是消费者不可掌控的因素。消费者能够做到的，就是自身多学习相关的食品安全知识，通过科学专业的选购方式，选购出相对安全健康的食品。

10 厨房小贴士

厨房是我们餐桌食物的主要加工场所，厨房里有许多食品营养和食品安全的学问，掌握和了解这些营养原则和安全知识，不仅有助于我们合理搭配膳食以保持身体健康，而且还能够预防食物中毒以减少对身体的损害。

10.1 营养餐的营养法则

当关注营养逐渐成为潮流，人们突然发现自己不会吃饭了！人们开始关心西红柿能不能和黄瓜一起吃、豆腐能不能和菠菜一起煮等“食物相克”问题。这样的以讹传讹的没有科学依据的信息在网络上你传给我，我传给你，甚至堂而皇之地出现在小区的健康宣传栏！这不禁让我感叹，义务教育扫除了文盲，但营养学教育的缺乏，造就了一大批的“营养盲”。

人们对“吃”的关注，说明了人们对营养学知识的渴求，为营养餐的发展和供应提供了市场机遇。在这里我们要讨论的是营养餐的法则，掌握了这些法则，我们就能天天吃营养餐！

10.1.1 平衡膳食

人们有时候批评“中庸之道”，但在营养学中，不偏不倚的“中庸之道”可谓“至宝”！现代营养学发源于西医系统，强调“平衡”，因此，合理膳食通常又称为平衡膳食，“平衡”二字可谓现代营养学的精髓！由此可见，在营养学方面，中西的观点是出奇的一致，可以说“平衡”是对“中庸之道”在营养学中应用的现代诠释！平衡包括如下含义：

（1）进食量和消耗量的平衡

我国历代养生家都十分重视食入和消耗的关系，《素问·脏器法时论》说："谷肉果菜，食养足之，无使过之，伤其正也。"说明"食养"过多，超过了身体的使用量，则伤其正；《素问·痹论》指出："饮食自倍，肠胃乃伤。"说明饮食无节制，则伤及肠胃；西晋张华《博物志》说："所食逾多，心逾塞，年逾损焉。"明代敖英《东谷赘言》总结食多的害处说："多食之人有五患，一者大便数，二者小便数，三者扰睡眠，四者身重不堪修养，五者多患食不消化。"现代营养学研究认为，进食量过多，导致能量摄入量过高，超过了人体能量消耗、身体活动消耗的总和，过多的能量则转化成脂肪，储存在皮下、内脏周围，导致肥胖的发生，即敖英所说的"身重不堪修养"。因此，平衡的第一条，就是进食和消耗的平衡，即食不过饱，饮不过量，饮食有节制，吃动两平衡，保持健康体重！

（2）五类食物之间的平衡

五类食物指的是谷薯类、蔬菜水果类、鱼肉蛋等动物性食品、奶豆类食品和油脂类。其中，谷薯类中的谷类食物指面粉、大米、玉米、小麦、高粱等，它们是膳食中能量的主要来源，也往往是膳食蛋白质的主要来源。多种谷类掺着吃比单吃一种好，特别是以玉米或高粱为主要食物时，更应当搭配一些其他的谷类或豆类食物。

蔬菜和水果经常放在一起，因为它们有许多共性，比如含有相对较多的营养素而能量较低。但蔬菜和水果终究是两类食物，各有优势，不能完全相互替代。特别是儿童，不可只吃水果不吃蔬菜。一般说来，红、绿、黄色且颜色较深的蔬菜和深黄色的水果含营养素比较丰富，所以应多选用深色蔬菜和水果。

鱼、肉、蛋归为一类，它们主要提供动物性蛋白质、一些重要的矿物质和维生素，但它们彼此间也有明显区别。鱼、虾及其他水产品含脂肪很低，有条件可以多吃一些。肉类包含畜肉、禽肉及内脏，这类食物特别是猪肉含脂肪较高，所以生活富裕时应该减少肉类的摄入。蛋类含胆固醇相当高，一般每天不超过 1 个为宜。

当前，奶及奶制品中最常见的是鲜牛奶和奶粉。中国居民膳食中普遍缺钙，奶类产品是首选补钙食物，很难用其他类食物代替。有些人饮奶后有不同程度的胃肠道不适，可以试用酸奶或其他乳制品。豆类及豆制品包括许多品种，膳食宝塔建议的 30～50 克是个平均值，根据其提供的蛋白质可折合为 40 克大豆或 80 克豆腐干等。

为了指导居民合理膳食，中国营养学会发布了“中国居民平衡膳食宝塔”（图 10－1），更详细的介绍请参见《中国居民膳食指南》。

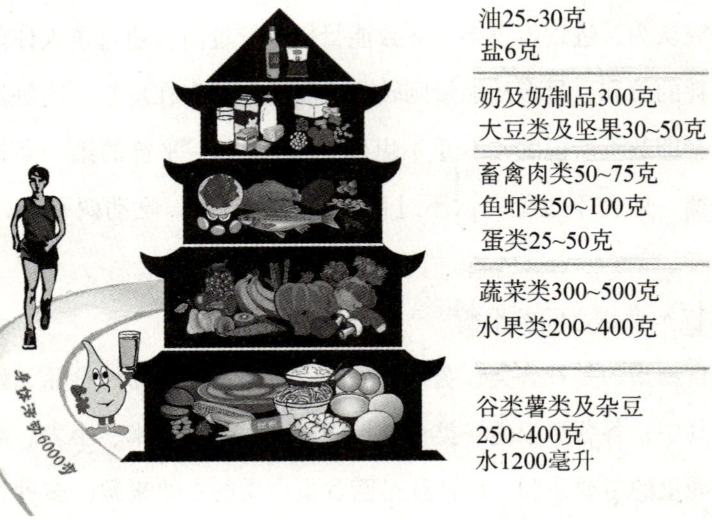

图 10－1　中国居民平衡膳食宝塔（来源：中国营养学会）

五类食物之间的平衡不是简单的数量上的平衡，更重要的是保持“膳食宝塔”中各食物之间的平衡。我国中医宝典《黄帝内经》指出，五谷为养，五果为助，五畜为益，五菜为充，即为平衡膳食的精准解释，即膳食平衡指的是维持推荐的各类膳食之间的相对平衡，它们之间并不是 1∶1的数学关系，而是以谷类为主、食物多样的原则来安排每日膳食，例如图 10－1 右侧的一日食物摄入量建议。

10.1.2　平衡膳食的要求

平衡膳食的第一条要求就是能够提供数量充足、种类齐全的营养素。食物的第一作用就是提供能量，以维持人类的生存、生长和发育，因此，平衡膳食的基本要求即为营养素数量充足，在数量满足的基础上，要求所含的营养素种类齐全。例如，西方发达国家的膳食以肉类为主，蔬菜和谷类的比例较少，这样的膳食能量、蛋白质、脂肪充足，但膳食纤维不足。亚洲一些发展中国家以植物性食物为主，肉类摄入较少，则优质蛋白质的数量不足。

怎么才能搭配出平衡的膳食呢？基本的方法就是做好食物分类。如前所述，我们把人类食用的食物粗略地分为五类，在制作一天、一周或者一月的食谱时，应努力做到每一类食物都能在食谱中出现，同时又注意每一类食物中多选择几种，这样，就能基本保证食物的多样化，保证营养素的种类齐全。通常，如果在集体食堂就餐，如果我们不挑食或者没有特别不能忍受的食物的话，建议每天从不同的窗口购餐以保证食物的多样性；对家庭而言，在购置食物的过程中，也要刻意检查是否配置齐全了上述五类食物；如果经常在餐馆就餐，点菜时也要注意食物的分类，保证每一类食物都能出现在餐桌上。

平衡膳食的第二条要求是食物安全。食物安全指的是不对食用者的健康造成危害，所以在食物选购时要选择新鲜的，多注意保质期；家庭储藏时要注意储藏的条件，及时食用。在制作时，要注意烹调的方式和方法，多选择煮、炖、蒸，少选择煎、炸等方式。淀粉含量丰富的油炸食品，例如油条、薯条等，含有丙烯酰胺，该物质是一种神经毒性物质，对神经系统有慢性损害。因此，建议减少油炸食品的摄入量。

平衡膳食的第三条要求是注意烹调方法。如前所述，从安全的角度考虑，加工方法不适宜选择油炸，从营养素的保存率来说，油炸的加工方法很容易破坏营养素。例如，普通面条中维生素 B_1 的保存率为 60%，而油条中维生素 B_1 几乎 100% 被破坏，也就是说油条中维生素 B_1 的含量几乎为零。这是为什么呢？因为维生素 B_1 在碱性、高温环境中不稳定，而油条的制作往往需要加碱，所以维生素 B_1 被破坏殆尽。

平衡膳食的第四条要求是要有合理的进餐制度。一日三餐的进餐制度是人类长期以来形成的习惯，但对于某些人来说，例如糖尿病患者，可以在一日三餐的基础上加两点（上午和下午各加一次餐点），目的是为了更好地控制血糖，防止糖尿病患者出现低血糖。但需要提醒的是，无论是一日三餐还是三餐两点的进餐制度，一日能量及其他营养素的摄入量要计算所有进食的食物，包括正餐和加餐！加餐的意思是，把正餐应该进食的食物分一部分放在加餐的时间进食。

如果能够做到上述四点，也就基本上能够做到平衡膳食。

10.2 砧板与菜刀的清洁

据报道，2011 年 8 月 16 日，杭州市下城区卫生监督所接到一起食物中毒报告，监督人员立即赶赴现场进行流行病学调查并采样。发生食物中毒的是从外省来杭州的一个旅游团（38 人），15 日下午到达杭州，当晚 18：00 在下城区某酒店用晚餐，晚上在该酒店入住。16 日凌晨 00：30，游客夏某首先出现腹痛、腹泻、呕吐、发热等症状，此后陆续有 13 人出现相似的临床症状到附近医院就诊，腹泻均为黄色水样便，腹痛以脐周及上腹部阵发性绞痛为主。

卫生监督员到达现场后采集到的标本有：腹痛、腹泻、呕吐、发热症状的患者肛拭子 14 份，冷菜师肛拭子 2 份，环节样本 3 件（砧板、刀具、抹布涂抹物各 1 件），剩余食物扇贝、白切鸡各 1 份。结果，从 10 例患者肛拭子和 1 件环节样本（砧板）涂抹物中均检出副溶血性弧菌，该细菌是引起食物中毒的常见细菌之一。根据流行病学调查资料、临床症状及实验室检测结果可以判定，这是一起因副溶血性弧菌污染了砧板而导致的食物中毒事件。

从上述食物中毒事件中，可以发现砧板清洁的重要性。有调查显示，餐馆生菜砧板和熟食砧板微生物超标率分别为 85.10% 和 72.86%，生菜砧板和熟食砧板致病菌检出率分别为 20.18% 和 2.86%。砧板即菜板，它与菜刀都是直接接触食物的厨房用具，一旦受到污染，则很可能又污染其他食品而导致食源性疾病的发生。要预防砧板与菜刀带菌污染食物的状况，除了使用前清洁外，还需要注意以下几点。

10.2.1 生熟分开

生食一般指食品原料，如鱼、肉、蛋、禽、菜等。熟食是指能直接入口的食品，如熟肉、火腿肠、烧鸡、素什锦等。生食中常带有许多细菌、寄生虫卵，而经过加工制作后的熟食中基本上没有可以致病的细菌和寄生虫卵了。但是，如果在加工、储存过程中不注意将它们分开，比如用切过生食的刀切熟食，用盛过生食的容器未经洗净、消毒盛放熟食等，生食上的细菌、寄生虫卵就可能污染到熟食上，并在熟食上大量繁殖，危害人体健康。因此，生、熟食要分开放置。为了避免麻烦，家庭厨房里可以准备两个菜板，一个用于切生食，一个用于切熟食，这样就可以避免在使用过程中不时清洗的麻烦。餐饮企业，则必须要用两个以上的菜板，生食和熟食必须分开。

10.2.2 及时清洗

用完菜刀后，必须用清洁的抹布擦干水和污物，特别是切过带有腥味、咸味的原料时，如咸菜、酸菜、鱼等，更要用清水冲洗干净。长期不用的刀，应在表面涂一层油，这样可以防止菜刀生锈。菜刀用完后应挂在刀架上，避免接触到其他物品而受到污染。如果菜刀生了锈，可用萝卜片或土豆片蘸少许细沙反复擦洗，即可除锈。还可以用切开的葱头擦洗，也容易把锈除掉。菜刀使用后，放在热水中浸泡一下，抹点生油或以姜片涂抹，都可以防止生锈。

每次切菜后，特别是切生肉后，必须将菜板清洗干净，除去菜板表面的残渣，然后才可切熟制品或其他蔬菜。菜板上若有了腥味，可将菜板放入淘米水中浸泡，并在水中撒少许盐，擦洗干净后再用热水冲一下，可起到杀菌作用，也可防止菜板干裂，延长使用寿命。

如今，使用塑料菜板的家庭越来越多，它的清洁方法比较简单：每次用过后，在清水中用百洁布反复擦拭，就能将残渣去掉；使用一星期后，要用开水冲洗一遍，或用百洁布蘸盐在温水中擦洗一遍，这样就能起到杀菌的作用。

10.3 厨房抹布的清洁

从2011年5月到7月，中华预防医学会、利洁时家化（中国）有限公司和西门子家电联合展开了中国家庭厨房卫生调查活动，结果显示，北京地区每块洗碗布细菌总量为18 000 ~ 9.875×10^{10}个（约1 000亿），每平方厘米洗碗布的细菌数为150 ~ 1.776×10^{9}个（17.76亿）；上海地区每块洗碗布细菌总量为

2 000 ~ 5.04 × 10^{11} 个（约 5 000 亿），每平方厘米洗碗布的细菌数为 62.5 ~ 8.75 × 10^{8} 个（8.75 亿），甚至高于马桶圈周围一周存在的 3 000 万个的细菌总数。其中的大肠杆菌、金黄色葡萄球菌、松鼠葡萄球菌、念珠菌（真菌）、沙门杆菌、链球菌、李斯特菌等数种细菌或真菌都是临床医学中常见的致病菌，可感染人体并引发多种疾病，在严重情况下将危及生命。可以想象，抹布存在多大的安全隐患！

10.3.1　抹布的选择

要想减少食品安全事件的发生，对餐饮企业和家庭来说，选好抹布也是关键的一环。市场上有多种材料制作的抹布，究竟怎么选择呢？目前，市场上常见的抹布有钢丝抹布、无纺布抹布、丝瓜瓤、纯棉毛巾等 4 种类型。钢丝抹布主要用于清理盆、台面等难清理的东西，其特点是清洁力强。需要注意的是刚买回来的钢丝抹布需要先在沸水中反复煮几次，以去除表面的工业油脂和碎屑。用过一段时间后，钢丝上会挂很多油垢，去除油垢的简单办法就是用火燎，然后再用冷水泡，这样钢丝抹布就又变“新”了。钢丝抹布的缺点就是容易断裂，断裂后可能附着在餐具表面而较难被水冲掉，很可能混入食物对健康带来隐患，因此要注意检查！

无纺布抹布比较柔软，非常适合擦陶瓷餐具，而且擦得也比较干净。丝瓜瓤去除油垢和水碱的效果都比较好，而且纯天然无污染。纯棉毛巾、竹炭纤维毛巾等也很适合做抹布，但有的人喜欢用用过的旧毛巾做抹布，如果是厨房抹布，旧毛巾就不太合适。因为，旧毛巾的吸收性差，而且容易有异味，可能造成新的污染。

10.3.2　抹布的清理

抹布同手帕、牙刷之类的物品一样，由于它从事清洁工作，反而常让人忽视了其本身的清洁卫生。如前所述，普通抹布简直就是细菌的“集贸市场”，是各种致病菌的“开会娱乐场所”，因此，一定要定期做好抹布本身的消毒清理工作。

抹布最好按功能分开使用，餐桌有餐桌的抹布，砧板有砧板的抹布。否则，如前所述，砧板如果切生食后再用抹布擦，那么细菌就可能被抹布带走，在家中“周游”而污染餐桌。但在现实情况中，大多数家庭很难做到抹布分开用，那么就要做到及时清洗和消毒。很多人喜欢用湿抹布擦餐桌，觉得这样似乎擦得更干净，但湿抹布很容易滋生细菌，所以抹布最好是使用后每隔三四天用水煮沸，然后放到太阳光下晒干后备用。当然，如果使用一次性桌布，则可避免抹布带来的危害。

10.4 蔬菜的清洗

作为营养与食品卫生学的专业人士，经常被人问：“麻烦你告诉我，怎么洗菜才能洗掉农药?”之后就给我讲自己的实际操作：把菜泡在水里，用流水泡 30 分钟以上，据说这样最安全。而有的人则更关心营养问题，不无担忧地问：如果菜泡的时间长了，营养素会不会泡到水里去了，不是有穷菜富汤的说法吗？每每听到这样的问题，我都哭笑不得，不知道从什么时候开始，“洗菜”也变成了“高科技、大学问”。

我国对农药的管理和使用有严格规定，且农药喷洒后一定时间内蔬菜是不能收获上市的，因此，即使有农药残留也是符合国家标准的。通常，一种化学物质要对人体产生危害，首先要在人体内达到一定的浓度，而蔬菜中残留农药的量如果在允许范围之内，就很难达到对人体有害的程度。所以，洗菜的根本目的是去除蔬菜表面黏附的细菌、灰尘等，而不是洗掉农药残留！

10.4.1 蔬菜上的农药

第一类是生物农药，这类农药对人畜无毒害，对环境无污染，属无公害农药，如杀虫剂有毒虫菌、7216 菌、苏云金杆菌，杀菌剂有 DT 等。

第二类是高效、低毒、低残留杀虫剂农药，如美曲膦酯、溴氰菊酯、杀虫双、辛硫磷、马拉硫磷、杀灭菊酯、戊菊酯、三氯杀螨醇、西维因、乐果、氧化乐果、乙酰甲胺磷、杀螟松、倍硫磷、异丙磷、二嗪农、嗪巴丹、二氯苯醚菊酯等。

第三类是高效、低毒、低残留杀菌剂农药，如瑞毒霉、多菌灵、百菌清、乙膦铝、托布津、甲基托布津、灭菌丹、代森锌、代森环、代森锰、代森铵、石硫合剂、波尔多液、铜皂液、福美双、福美胂、硫酸铜、霜霉净、高锰酸钾、甲醛、硫黄粉、代森锰锌、粉锈宁、农抗120、83增抗剂等。

第四类是除草剂，如氟乐灵、除草醚、除草剂一号、扑草净、拉索等。

上述这些农药大多数是脂溶性农药，即使用清水浸泡也很难溶解掉已经被菜叶子吸收了的农药。菜叶表面往往有一层蜡质，比较致密，就像人的皮肤一样，具有保护作用，未吸收的农药与叶子的结合比较松散，而且和叶子表面的灰尘混合在一起，比较容易清理，把灰尘洗掉的同时，残留在表面的农药也不复存在了，因此浸泡30分钟是没有必要的。另外，国家对蔬菜中的农药使用品种有严格的规定，而且在销售过程中也有相关的监测措施，保证了蔬菜中农药残留不致对人体健康造成危害。作为消费者，我们应该联合起来，从源头上监督并杜绝菜农违规使用农药的情况。所有消费者联合起来，你帮我，我帮你，互相信任，共同营造安全的食品环境，比在水中浸泡要有效得多!

10.4.2 正确的清洗方法

蔬菜清洗是保证入口安全的重要途径，但有些人的洗菜方法确实会导致其中营养素的流失。大多数人洗菜是先洗，然后再切。有的人喜欢先把菜切成小块，然后再用水洗，这样的方法不够科学。如前所述，蔬菜表面有一层蜡质，具有保护作用，使得清洗的时候蔬菜的营养素不会溶解到水里，如果把菜切碎了，营养素就会从切口处溶解进水里！因此，清洗时只要能够保证菜的“蜡质”表面不被破坏，则营养素的损失就可忽略不计。

10.5 剩余食品的保存

中国人既有勤俭持家的品质，又有热情好客的美德，冰箱里多多少少都有点剩饭剩菜，剩菜的保存需要注意以下问题。

10.5.1 叶子菜类剩余食品

叶子菜类蔬菜尽量生吃，但中国人大多没有这种习惯，喜欢炒熟了吃，一旦剩余也不舍得倒掉，多少都放在冰箱里，留到下一顿。实际上这种习惯不好，从营养学角度来说，炒熟了的叶子菜再放到下一顿吃，营养素几乎损失殆尽，基本只剩下膳食纤维和汤里的油，如果喜欢连汤带水地放在面条里或拌米饭吃掉的话，那就很有可能摄入过多的油脂，导致能量摄入过剩，同时蔬菜里应有的其他营养物质摄入则偏少。从食品安全的角度来说，叶子菜炒熟后存放的过程中，亚硝酸盐的量是不断增加的，因此长期进食剩余的叶子类剩菜，就增加了亚硝酸盐的摄入量。

10.5.2 畜禽肉类剩余食品

畜禽肉类食品剩余后的存放过程中，最关键的是防止微生物生长，此类食物存放过程中的营养素损失较叶菜类小。从安全角度考虑，建议存放在冷冻室，在冷冻条件下细菌几乎不生长繁殖，切忌在室温下存放。另外，如果已经预计到可能会有剩余，就应当在食用前分出一部分，放在干净的用具里，这样就避免在进食过程中遭到微生物污染，防止存放过程中微生物的繁殖。

10.5.3 其他带包装的食品

其他食品，例如酸奶、果汁等加工食品类，开口后一般需要冷藏，而且应尽快食用。这类食物的存放方法在食品标签上都有说明，应注意看标签，按要求存放。

总之，剩余食品的存放要本着安全第一的原则，如果你不能确定剩余食品加热后是否安全，建议最好不要再食用！

10.6 冰箱里的安全与不安全

冰箱已成为人们居家过日子的生活必需品之一，用于储存食物、保持食物的鲜美，同时冰箱的低温能够抑制大多数细菌的生长和繁殖，在保持美味的同时保证安全。于是就有很多人认为，不管什么食品，只要一放进冰箱，就等于进了保险箱，一切都万事大吉了；特别是如果把食物放进冷冻室则细菌会被冻死，因而能长期保存食品，可以随吃随取。其实，放在冰箱里的食物可不是100%安全。

10.6.1 及时将食品放入冰箱

容易腐败的食品，例如牛奶、酸奶等，放在合适的温度下 2 小时致病菌就开始生长。如果是在夏天，最好把食物放置在 30 摄氏度以下，防止细菌繁殖。如果在 1 小时之内不食用，最好放冰箱保存。且应保证食物放入冰箱前细菌没有大量繁殖，这样才能在冰箱里安全保藏；而且在放入冰箱前，应保证冰箱为正常运行，即冷藏室温度为 0 ~5 摄氏度，冷冻室温度为 −20 ~ −18 摄氏度。

10.6.2 常见食物在冰箱里的存放时间

冰箱不是万能箱，也不是百宝箱，并非什么食物都可以放进去。而且，不同的食物在冰箱里存放的时间也不同，常见食物在冰箱里的存放时间如表 10 −1 所示。

表 10 −1 常见食物在冰箱里的存放时间

食品名称	冷藏	冷冻
生鸡蛋（带壳）	3 ~5 周	不能冷冻
生蛋清	2 ~4 天	12 个月
生蛋黄	2 ~4 天	最好不要冷冻
煮鸡蛋	1 周	不要冷冻
牛奶	5 ~6 天	
酸奶	7 ~10 天	
鱼类	1 ~2 天	90 ~180 天
牛肉	1 ~2 天	90 天
肉排	2 ~3 天	270 天
香肠	9 天	60 天
鸡肉	2 ~3 天	360 天
已开罐花生酱、芝麻酱	90 天	
已开罐咖啡	14 天	
苹果	7 ~12 天	
柑橘	7 天	
梨	1 ~2 天	
打开包装的午餐肉或切片午餐肉	3 ~5 天	1 ~12 个月

续表

食品名称	冷藏	冷冻
未打开包装的午餐肉或切片午餐肉	2周	1~12个月
牛排	3~5天	6~12个月
肉馅（碎肉）	3~5天	4~6个月
烤肉	3~5天	4~12个月
整鸡	1~2天	1年
分割鸡	1~2天	9个月
蔬菜汤或者加了肉的炖汤	3~4天	2~3个月
牛羊肉	3~4天	2~6个月
鸡肉块或鸡肉馅饼	3~4天	1~3个月

上表列出的食物存放时间仅供参考，最重要的就是尽快食用，减少存放时间。而且，如果冰箱有过断电，而且冷藏室的温度上升到5摄氏度（41华氏度）以上并持续2小时，为了安全起见，冷藏室的食物最好丢弃；对于冷冻室的食品，解冻后温度上升到5摄氏度（41华氏度）以上并持续2小时，也最好选择丢弃。如果要食用，一定保证加热时间，保证食物的中心温度能够杀死大多数细菌。

10.6.3 不适合在冰箱中存放的食物

有些食物不适合在冰箱里存放，这些食物“怕冷”，简单点说就是，南方生产的水果和蔬菜大多不适合存放在冰箱中（表10-2）。

表10-2 不适合存放在冰箱中的食物

名称	冰箱存放导致的变化
草莓	果肉发泡、口感变差、容易霉变
黄瓜、青椒	容易被“冻伤”，特别是表皮部分会呈水浸状变质，失去原有的清脆口感
人参、冬虫夏草、鹿茸	放在冰箱里容易受潮，药性会被破坏
香蕉	容易变黑
鲜荔枝	荔枝的表皮很容易变黑，果肉就会变味
芒果、木瓜、火龙果	热带水果不适应低温环境，在冰箱里更容易变黑腐败

10.7 煎炒烹炸“油”问题

曾经在办公室里接到消费者的电话咨询，不知道自己究竟该买大豆油、橄榄油还是花生油，被广告“忽悠”得找不到北，连“油”这种简单的问题也复杂起来。现在常用的食物油以植物油为主，下面就主要以植物油为例进行介绍。

10.7.1 植物油就是甘油三酯

植物油的化学成分几乎就是甘油三酯，即一分子甘油（丙三醇）与三分子脂肪酸反应，形成三个酯键，不同的植物油与甘油反应的脂肪酸不同，但自然界中存在的植物油几乎都是由油酸、亚油酸或硬脂酸构成的。所以，油和油的区别关键在脂肪酸的含量。常见植物油脂肪酸含量如表 10－3 所示。

表 10－3 常见植物油脂肪酸含量

脂肪酸名称	相对含量/%					
	花生油	大豆油	葵花籽油	橄榄油	核桃油	杏仁油
C14:0肉豆蔻酸	0.01	0.093	0.20	–	0.023	–
C16:1棕榈油酸	0.1	6.44	16.4	10.8	6.14	4.65
C16:0棕榈酸	11.39	–	0.169	0.873	0.12	0.589
C18:0硬脂酸	3.68	5.83	12.4	3.27	2.45	1.35
C18:1油酸	12.01	7.27	65.8	77.6	24.09	66.6
C18:2亚油酸	36.18	69.3	1.07	6.15	59.6	26.5
C20:0花生酸	1.51	–	–	–	–	–
C18:3亚麻酸	0.29	9.75	0.284	0.62	7.31	0.11

由上表可以看出，植物油中的脂肪酸主要为棕榈酸、硬脂酸、油酸和亚油酸，不同的植物油其各脂肪酸含量有一定的差异。因此，为了供给机体多样的脂肪酸，我们需要调换植物油的品种，也可以买几种油，回到家后自己混合，既满足了食物多样化，又保证了多种脂肪酸的摄入。

10.7.2 植物油的特点

植物油，以油的来源命名为大豆油、玉米胚芽油、葵花籽油、花生油、谷糠油等。这些油具有一些共同的特点。

（1）富含亚油酸

亚油酸是人体必需的脂肪酸之一，如果膳食中长期缺乏，将不利于健康，出现皮疹等临床症状。但是，只要是以植物油炒菜的家庭，基本都不会缺乏该种脂肪酸，因为它在上述植物油中的含量实在是太高了，几乎能达到50%以上。而膳食中的另外一种必需脂肪酸——α-亚麻酸，则在上述植物油中的含量很低。中国有两种植物种子的油富含α-亚麻酸，即亚麻籽油和紫苏籽油，这两种植物油原料来源较少，因而所占市场份额较小。另外α-亚麻酸因为自身结构中含有三个双键，结构不稳定，容易被破坏，因而往往用于凉拌，而不适合于煎炒烹炸。橄榄油大多数属于进口产品，其最大的特点是含有丰富的油酸，油酸是含有一个不饱和双键的脂肪酸，相对比较稳定。另外，橄榄油的加工通常采用冷轧的方式，这样就在较大程度上保存了橄榄中的一些生物活性成分。

（2）不含胆固醇

胆固醇是动物性食物中特有的，植物性食物中没有这种物质。膳食胆固醇摄入量过高与动脉粥样硬化、冠心病、高脂血症等有关，因此，膳食指南建议每天胆固醇的摄入量不要超过300毫克（相当于1个鸡蛋中胆固醇的含量）。20世纪80年代以前，中国人还习惯于在家炼制动物油，动物油中有一定的胆固醇含量。随后，植物油作为烹调用油在厨房占绝对优势，植物油不含胆固醇，而且含有丰富的亚油酸，没有了胆固醇，也就没有了上述胆固醇的“坏处”。但这并不意味着植物油可以随便吃，中国营养学会建议，植物油每天的食用量最好不要超过25克，否则同样对健康不利。

（3）含有一定量的维生素E

维生素E是植物种子中普遍含有的一种抗氧化维生素，又被称为生育酚，对健康有重要意义。植物种子中油脂含量丰富的地方，均含有丰富的维生素E，其作用是保护脂肪酸，维生素E就是脂肪酸的天然保护神。如前所述，脂肪酸中含有双键，因而不稳定，而丰富的维生素 E 与氧反应，就可以使脂肪酸免于被氧化。

10.7.3 植物油的选购与存放

从营养学价值方面来说，常用植物油的差异不大，均是富含亚油酸的食用油，而富含亚麻酸的油品种较少，选购时应注意如下问题：

1）生产日期是保证食品安全首先要注意的标志。生产日期越接近购买日期越好，一方面说明我们可以在家里存放得久一点，另一方面说明其在塑料油壶中存放的时间较短。植物油与塑料中的成分在一定程度上是可能发生物质交换的，存放时间越久，则塑料中的成分进入油中的可能性就越大。

2）经常更换油的品种。从营养学角度来说，食物多样性是保证健康和平衡膳食的基本要求，因此经常更换食用油品种，可以在较大范围内多摄入来源于不同植物的脂肪酸，保证营养平衡。从食品安全角度来说，更换品种是分担风险的一种不得已的措施，一旦一种油出了安全问题，不至于对个人的健康造成太大的影响。

3）尽量购买品牌油。“地沟油”事件对消费者的心理冲击很大。通常，“地沟油”的分销途径较少，也没有正规的进货渠道，制假售假者毕竟还不敢太明目张胆。因此，如果能够在大的超市、大的粮油供应中心购买标签和标志清楚，能够出示进货发票的食用油产品，一般就能避免买到不合格的产品。

食用油通常存放在室温。如果打开包装，应尽快食用，特别是油炸过的油，尽量在较短时间内用完，避免长时间存放引起油的酸败变质。

10.7.4 植物油的食用方法

目前，市场上食用油的种类越来越多，让人眼花缭乱，大多数食用油都适合于煎炒烹炸，但也有一些食用油，例如亚麻籽油，则适合拌凉菜，不适合煎炒烹炸。最简单的办法就是看产品说明，不适合煎炒烹炸的，就最好不要以此方式使用。因为脂肪酸中存在或多或少的双键，双键越多越不稳定，在高温情况下非常容易发生结构变化，产生对健康不利的物质；而且随着加热时间的延长，可能产生反式脂肪酸。

反式脂肪酸是不饱和脂肪酸的一种，是所有含有反式非共轭双键的不饱和脂肪酸的总称。自然界中存在的脂肪酸均为顺式，反式脂肪酸的产生曾经被认为是食品工业的进步，但现代研究发现，它是心血管疾病的危险因子。《新英格兰医学期刊》于2006年刊登了一份反式脂肪酸相关研究的总结报告，指出只要摄取极低量的反式脂肪酸，就会大幅提高得冠心病的风险。该研究显示，美国每年因心脏疾病而死的人当中，有3万~10万人可以归因于食用了反式脂肪酸。

反式脂肪酸是现代工业产品，主要产生于植物油氢化。如前所述，植物油中有不饱和双键，这些双键如果被氢取代的话，脂肪酸的稳定性就会增加。但工业生产过程中，并不能百分之百把所有双键都加上氢元素，在此过程中，未加氢的双键的空间结构就可能发生变化，由顺式变成反式，即所谓的反式脂肪酸。

反式脂肪酸的另一个来源是植物油精炼。通常天然植物油（如大豆油、菜子油）均由顺式不饱和脂肪酸构成，而不含反式脂肪酸，但油脂中的不饱和脂肪酸会暴露在空气中，油脂中的二烯酸酯、三烯酸酯发生热聚合反应，更易发生异构化，使反式脂肪酸增加。油脂精炼过程中有一步骤为高温脱臭，经此过程精炼的食用油其反式脂肪酸的含量可能增加。另外，烹调过程中过度加热或反复煎炸也可导致反式脂肪酸的产生。不同的植物油，加热过程中不同种类的反式脂肪酸产生的量也不同，橄榄油或橄榄油煎炸的食品中反式油酸较多，葵花籽油中反式亚麻酸较多。

世界卫生组织建议，每日膳食中反式脂肪酸的摄入量应低于2克。有调查显示，目前我国居民反式脂肪酸的摄入量大约为1.06克，距世界卫生组织的建议还有一定的距离。但近年来，我国居民膳食结构西化倾向非常严重，含反式脂肪酸的西式食品销量增长速度较快。因此，某些爱好西式食品（例如人造奶油蛋糕、饼干等）的人，反式脂肪酸摄入量就有可能超标。

我们国家目前已经开展了反式脂肪酸摄入量的评估工作，估计将来它会成为食品的一项重要信息出现在食品标签上，这样我们就可以在选购时进行筛选。

10.8 生吃食物有讲究

1988年1月发生的一场疫情，虽距今已20余年，但在上海人的心头却深深地烙上了印记。一场突如其来的甲肝疫情，打乱了这个大都市的日常生活。经历过1988年的上海人直到今天都还记得：空前拥挤的医院门诊，摆满病床的工厂、学校甚至百货公司，以及满街的传闻和流言……这场让人措手不及的疫情整整持续了3个月，感染者近30万，死亡11人。患者的临床症状为上吐下泻，几天之内，患病人数急速攀升，最后经证实是病毒性甲型肝炎暴发。当时，上海市民人人“谈肝色变”。经过流行病学调查，发现导致这次甲肝流行的罪魁祸首是毛蚶！毛蚶是上海人喜欢食用的一种近海海产品，人们大多生吃、半生吃。当时，我们国家近海的水源被带病毒的粪便污染，因而造成这场甲肝疫情。

导致这次事件的始作俑者是毛蚶，但此次事件的发生与人们的食用方式也有很大关系。如果能够在100摄氏度加热5分钟，即可杀灭其中的甲肝病毒。因此生吃食物一定要小心，有些食物适合生吃，而有些食物生吃则存在较大的安全隐患！

10.8.1 适合生吃的食物

适合生吃的食物有很多，首先是传统的生吃食物，例如黄瓜、西红柿、白萝卜、青椒、大蒜等。随着经济的发展和人们生活的多样化，西方的饮食习惯慢慢传入中国，生吃的食物种类越来越多，例如叶菜类的生菜、苦苣、紫甘蓝等，蔬菜生吃已是某些人的生活习惯。生吃蔬菜的最大好处就是百分百地保存了营养！食品中的有些营养素加热后有很大程度的破坏，例如维生素C。蔬菜中还有一些不为人们了解的物质，现代营养学上称为植物化学物，它们的存在使得蔬菜保持鲜艳的颜色（例如绿色、紫色、红黄色等）、特殊的气味（例如芹菜、茼蒿、薄荷等）以及特殊的味道（例如大蒜），营养学研究发现这些物质对促进人体健康具有特殊的好处，加热后，这些物质就可能遭到破坏，保存率降低，影响了蔬菜的营养价值。

另外，还有一些适合生吃的海产品，例如生蚝、生鱼片等。但为了食品安全，一般不建议生吃，因为这些食品中往往含有细菌，容易导致食用者生病；如果要生吃，一定选择新鲜的产品，而且在食用前要彻底清洗以去除细菌。

10.8.2 不适合生吃的食物

对于中国人来说，大多数食物都是炒熟了吃的，生吃的品种很少。但有些人爱生吃鸡蛋，认为这样有营养，其实鸡蛋是不适合生吃的。

首先，鸡蛋很容易被大肠杆菌污染。即使养鸡场在鸡蛋出厂前进行了消毒或灭菌处理，但在运输过程中鸡蛋也很容易被污染。因为鸡蛋很容易碎裂，这就为微生物的生长创造了机会，而鸡蛋是营养物质非常丰富的食物，一旦碎裂就容易滋生细菌，那么其周围的鸡蛋就容易受到污染。

第二，鸡蛋本身含有抑制生物素吸收的物质，如果习惯生吃鸡蛋，就可能导致生物素缺乏。

另外，鸡蛋中的蛋白质经加热后食用，其消化率会大大提高，也就提高了鸡蛋的营养价值。

一般的动物性食物都不适合生吃。

10.9 厨房里的危险品

现代家庭用化学品越来越多，例如洗涤剂、除臭剂、灭蟑螂药、灭蚊药、灭白蚁药、除油烟剂、洁厕剂等，另外补铁剂、补碘的碘油丸等也属于化学药品。这些化学品若由于某种原因放在厨房等不该放的地方了，就可能带来隐患。曾经有报道称，4 岁儿童把妈妈的补铁丸当成巧克力豆而一次进食过多，结果导致急性铁中毒而被紧急送往医院。另一个案例是，上小学的女儿把妈妈准备发给班上小学生的碘油丸大量摄入，造成碘中毒，3 年后才恢复健康。因此，家里化学品保管不善，对儿童和老人都是潜在的危险。

曾经有家庭亚硝酸盐中毒的报道。亚硝酸盐是四川等地区居民家庭常用的化学品，主要用于制作腊肠，其外观和食盐非常相似，如果放在厨房，则很容易用错，而导致全家中毒。

因此，家中的化学品，如果不是厨房用的，一定不要放在厨房，以免被误用，或者忙中出乱惹出祸端。另外还要注意放在儿童不易拿到的地方。

10.10 洗手不是简单事

保持双手的干净卫生，可以预防很多疾病的传播和发生。通常，人们在发现手上有脏东西的时候会主动洗手，但很多“脏”东西是我们用肉眼无法看到的。2003 年非典时期，政府就建议市民回到家先用香皂洗手，因为非典病毒有可能通过与公共交通工具、公共场所的把手等的接触而传染到自己手上，到家后首先洗手，就能很大程度地去除手上的病毒，减少自己和家人被感染的可能性。那个时期，很多人养成了“回家先洗手”这样的好习惯，不知道现在还有多少人保留这个好习惯。

什么时候需要洗手呢？除了手脏需要洗手外，如下情况也需要洗手：①吃饭前。饭前洗手在是幼儿园学的规矩，以预防手上的细菌通过食物入口。②做饭前（准备食物前）。做饭前洗手是“厨师”（无论是家庭的还是餐馆的）的基本素质，这不仅是为了干净，而且是预防疾病传播的重要手段。③处理皮肤裂口或伤口前。主要是防止手上细菌进入伤口，引起感染。④照料病人、伤者或受伤动物前。每个人的手上都或多或少地带有细菌，患者、受伤者或者动物免疫力较低，很有可能因你手上的少量细菌而感染或病情加重，所以也需要洗手。⑤佩戴和摘取隐形眼镜前。⑥便后。⑦接触过生食后（特别是生畜肉、生禽肉和鱼肉）。⑧换尿布后，或者帮助其他人排便后（排便者的双手也要洗）。⑨擤鼻涕、打喷嚏、咳嗽后。⑩接触动物（特别是爬行动物）后，包括动物园里和街头的动物。⑪处理皮肤裂口或伤口后。伤口很容易被细菌感染，因此处理完伤口也要洗手，以免伤口上的细菌通过食物进入自己或他人体内。

上述这么多情况下均需要洗手，为什么洗手这么重要呢？因为正确洗手是预防传染性疾病传播的最有效的办法。正确的洗手方法很容易学习，且能够显著减少传染性疾病在儿童和成人间的传播。正确洗手可预防大致三种类型的疾病。

1）通过粪—口传播的疾病。以粪—口传播方式传播的传染病包括细菌性痢疾、甲肝、阿米巴病，以及沙门杆菌、肠病毒、诺沃克病毒、轮状病毒等引起的疾病。因为这些疾病均可因便后没有洗手、帮助他人如厕或换尿布后没有洗手而传播开来，所以再怎么强调也不过分。

2）通过间接接触呼吸道分泌物传播的疾病。通过该方式传播的疾病微生物有流感病毒、链球菌、呼吸道合胞病毒（RSV）和普通感冒病毒。这些疾病可能间接通过手传播，因为手可能沾有呼吸道感染者刚排出的呼吸物，所以，在咳嗽、打喷嚏、擤鼻涕后或者与做过这些事情的人握手后洗手，就能够有效预防这些疾病的发生。

3）手被尿、口水以及其他体液沾染后，也可能传染一些疾病。通过一种或多种这些物质传播的微生物包括巨细胞病毒、伤寒病毒、金黄色葡萄球菌和 EB 病毒。这些微生物可通过人与人传播，也可因污染食品或者无生命物体而间接传播。

其实，洗手的好处远比我们想象的还要多。既然洗手如此重要，怎么洗手才能达到比较好的防病效果呢？有效的洗手包括如下四个步骤：

1）用热的流水湿手。

2）打上香皂，两手放一起对搓，搓出肥皂泡，至少搓 20 秒，搓的过程避免流水滴在手上。冲洗手心、手背，以及手指缝和指甲。

3）在流水下彻底冲洗双手，让水流进水槽，避免顺胳膊流向手肘。衬上纸毛巾关掉水龙头，将纸毛巾扔进废纸篓。

4）用干净毛巾擦干双手。

洗手很重要，有效洗手能够预防疾病，有效洗手离不开香皂，什么样的香皂比较好呢？其实任何种类的香皂都可以使用。但是，香皂应该放在香皂盒里，而不是随便放在什么地方，以防香皂本身被污染。如果有条件，更好的方式是放在自动或按压式专用皂盒里（指液体洗手液），且在放新的皂液前彻底清洗皂盒，保证清洁。

洗手虽然是很简单的事情，但是也存在些误区，下面这些错误的做法应该避免：用一块湿毛巾，给一个孩子擦完手，接着给另一个孩子擦；把水放在盆子里，一个洗完，另外一个接着洗。在幼儿园或公共场所，最好使用一次性毛巾或擦手纸，不要使用公共毛巾；不要使用海绵或非一次性清洁布，除非用漂白剂水定期清洗，因为细菌喜欢在潮湿的表面生长。

很多孩子害怕洗手，或者不能做到有效洗手，如何帮助儿童养成良好的洗手习惯呢?

应该鼓励、提醒和帮助儿童饭前洗手，告诉他们户外活动后、与宠物玩耍后、便后、擦鼻涕后以及咳嗽和打喷嚏后，及时洗手都非常必要。即便是双手看起来很干净，仍然有可能携带致病的细菌或微生物。

不要以为儿童知道如何正确洗手，家长和老师应督促儿童形成良好的洗手习惯，特别是在幼儿园里。当然，言传身教是教会他们洗手的最有效办法，做父母的一定要做好榜样。

10.11 天然食物的安全隐患

没有百分百安全的食品，因为天然食物中也存在着有毒有害物质，可能对健康造成危害，比如毒蘑菇、发芽土豆、牛奶、豆浆等也存在安全隐患。卫生部发布的2010年全国食物中毒情况通报显示，天然动植物和毒蘑菇中毒引起的死亡人数最多，为所有因食物中毒死亡总人数的60.87%。可见，纯天然并非“纯安全”。

10.11.1 毒蘑菇

毒蘑菇中毒多发生在野生毒蘑菇生长的阴雨季节，以散发为主。往往在一场大雨过后，毒蘑菇集体快速生长，被当地群众误采误食，引起中毒。当地群众一般具备一定的辨别毒蘑菇和一般蘑菇的能力，但他们往往凭经验采蘑菇，缺乏真正鉴别毒蘑菇的知识和能力。随着近年“农家乐”活动的兴起，去农村休假逐渐成为城市上班族的娱乐方式之一，因此，某些城市人也可能因野外踏青而误采误食毒蘑菇。

我国的可食用蕈有300多种，毒蘑菇约有80多种，可致人死亡的有10多种，比如褐鳞小伞、肉褐鳞小伞、白毒伞、鳞柄白毒伞、毒伞、残托斑毒伞、毒粉褶蕈、秋生盔孢伞、包脚黑褶伞、鹿花菌等。

有人说“好看的蘑菇才有毒”，这种说法其实并不可靠。判别野生蘑菇是否有毒，需要熟悉蘑菇的种类和生长环境，并综合起来考虑。一般来说生长环境不卫生、缺乏阳光照射、颜色鲜艳、伞盖有斑点、根部有托、折断部位有毒液流出的，通常为毒蘑菇。但区分蘑菇是否有毒，即便是非常专业的人员也很难保证准确无误，普通人就更不容易做到了。避免毒蘑菇中毒最可靠的办法就是“路边的蘑菇莫要采”。

10.11.2　豆浆

大豆营养丰富但并非十全十美，它还含有一些被称为“抗营养因素”的成分，包括蛋白酶抑制剂、胀气因子、植酸和植物红细胞凝集素等，虽然现代营养学研究发现，其中有些成分对人体可能也有好的作用，但如果在豆浆制作过程中这些物质未被破坏，则有可能引起豆浆中毒。

1）蛋白酶抑制剂：主要作为消化酶在体内发挥作用，豆浆加热30分钟即可破坏其活性，所以豆浆一定要煮熟了喝。豆浆在煮的过程中因为蛋白质含量丰富而起泡，泡沫的温度一般比豆浆的温度低，如果看到泡沫滚起就停止加热的话，就有可能没有完全灭活其中的蛋白酶。

2）植物红细胞凝集素：是能够凝集人和动物红细胞的一种蛋白质，集中在子叶和胚乳中，含量随成熟的程度而增加，发芽时含量迅速降低。大量食用后，数小时之内可能引起头晕、头疼、恶心、呕吐、腹泻、腹痛等症状，可影响动物的生长发育，但该物质很不耐热，加热即可被破坏。

3）大豆低聚糖：包括水苏糖和棉籽糖两种。人体缺乏消化大豆低聚糖的酶，无法在小肠中将其吸收，进入大肠后，可在肠道微生物作用下产酸产气，引起腹胀，故被称为胀气因子。所以，肠道手术患者应该减少豆制品的摄入。但近年的研究发现，大豆低聚糖在肠道被发酵后，具有胃肠道微生态平衡、提高免疫力、降血脂、降血压等作用。目前已利用大豆低聚糖作为功能性食品原料，部分替代蔗糖用于清凉饮料、酸乳、面包等多种食品的生产中。

10.11.3　牛奶

牛奶是营养丰富的食品，但喝牛奶也有风险！

喝牛奶最大的风险就是乳糖不耐受，即喝牛奶后出现呕吐、腹泻、腹痛等许多消化道症状，但一般不需要治疗。乳糖是牛奶中特有的一种糖，甜度比蔗糖低。乳糖不耐受患者有的是先天性的，即机体先天缺乏分解乳糖的酶，这样的婴儿需要停止母乳喂养，进食不含乳糖的奶粉。先天乳糖酶缺乏的婴儿较少，大多数乳糖不耐受患者是后天原因。乳糖几乎只存在于乳和乳制品中，人类从出生开始进食母乳，体内的乳糖酶很丰富，1～2 岁断奶后，如果不再进食其他的乳制品，体内的乳糖酶就会慢慢变少，直至没有。此时进食乳制品，乳糖进入肠道后无法被分解，即可能导致呕吐、腹泻等症状。如果乳糖不耐受的症状不太严重，可以规律进食少量乳制品刺激机体慢慢产生乳糖酶；如果很严重，就只能放弃食用含乳糖的乳制品了。

乳制品中的发酵酸奶是牛奶经过乳酸菌发酵生产的，乳酸菌把乳糖发酵成乳酸，口味得到了改善，同时乳糖不耐受者也可以适量食用。酸奶中的乳糖并不是完全被转化成乳酸，因此严重的乳糖不耐受患者饮用时仍需要注意。

10.12　怕冷与怕热的食物

在常见的食物中，有些食物“怕冷”，有些食物“怕热”，我们要了解食物的基本特性，做到合理存放与加工，保证既安全又营养。

怕冷的食物，在“10.6　冰箱的安全使用”部分做了介绍，在此只介绍怕热的食物。

最怕热的食物应首选牛奶。牛奶里含有丰富的核黄素——中国人最容易缺乏的营养素之一，如果把牛奶长时间或者反复加热，则大部分核黄素遭到破坏，降低了营养价值。

碳水化合物含量丰富的食物，例如面制品、土豆、藕等，这些食物最怕在高温下油炸，例如油条中维生素 B_1 几乎全部被破坏。更重要的是，这些食物在高温下还容易产生丙烯酰胺——一种神经毒性物质，因此，油炸食品例如油条、油饼、薯条等，要逐渐把它们从餐桌上请走。对某些人来说，一下子放弃自己多年养成的饮食习惯是很困难的事情，因此，在改善膳食习惯之初，我们先试着减量。因为，任何有毒物质对人体产生危害时，均需要达到一定的剂量，因此，尽量在原有基础上少吃。比如，以前每天早餐都吃油炸食品，先试着改成隔天进食，再试着一周一两次，接着尝试一月一两次，这样，就可以逐渐降低有毒物质的摄入量，从而保护机体健康。

10.13 食物相克质疑

曾经有人问我："听说西红柿和黄瓜不能在一起吃，是不是？"我反问："为什么？"对方回答："不知道。"我又问："那您一起吃了吗？"对方回答："吃了呀。"我问："有什么不舒服吗？"对方回答："没有。"我说："那就接着吃！您用亲身实践告诉大家，这两样东西能在一起吃。"

其实，所谓的"食物相克"的说法，是指某些食物不能一起食用，否则会对健康有害，如致病、中毒甚至死亡。此说法在坊间流传甚广，而且很有"科技含量"，"相克"食材达百种以上，不少养生讲座和影视作品也大肆渲染食物"相克"的后果，似乎不知道此事，就不是学营养的。这种说法的流传严重影响到民众的合理配膳和均衡营养，使原本就很严峻的食品安全及养生乱局更加复杂。近年来，业内人士多次公开批驳"食物相克"的说法，现代营养学界也通过实验来否定该说法，但效果有限。

2006年中国营养学会以科研课题的形式资助了这方面的系统研究，内容包括文献研究、动物实验、人群试食，从现代科学的角度对"食物相克"进行合理可信的评价。其实进行这方面研究的鼻祖是中国营养学学会首任秘书长郑集教授，他率先选取14组相克食物进行了动物实验和人群试食，他本人也参加了实验，结果未发现任何中毒征象。2008年兰州大学选取包括"猪肉+百合""鸡肉+芝麻""牛肉+土豆""韭菜+菠菜""土豆+西红柿"的食物组合进行人群试食试验，观察受试者的精神状态、饮食、睡眠、大小便，均未见异常。上述研究从科学的角度出发，以事实证实了“食物相克”缺乏科学基础。

10.14 餐馆就餐学问多

到餐馆就餐是现代人交友、家庭聚会、生意谈判等社会活动的主要方式之一；同时，城市生活越来越紧张，工作场所和家庭住所越来越远，在外就餐成了现代人不得已的选择。在外就餐，要注意营养和安全两方面的问题。

10.14.1 餐馆就餐的营养问题

餐馆的菜有两个特点，一是油多，二是钠多。

“2002年中国居民营养与健康状况调查”显示，我国已有相当多的城市居民食用油的摄入量超标，导致的直接后果就是超重和肥胖人数大幅度上升。食用油是我们每日所需能量的主要来源，中国营养学会建议每人每天的摄入量不超过25克，大约3勺（常用的小陶瓷勺）。试想一下，如果给川菜师傅3勺油，估计他连一盘麻婆豆腐都做不出来！钠是食盐中的主要成分，但它不仅仅来源于食盐，还可能来源于味精、酱油等。中国营养学会建议每人每天食盐的摄入量不超过6克，但实际上很多人能够达到10克。钠摄入过多易导致高血压的发生。

油多、钠多的饭菜口味一般比较惹人喜爱，进食者往往控制不住容易多吃，有调查显示，一天中只要外出就餐一次（中餐或晚餐）就能摄入几乎全天所需要的能量和钠。特别是进食自助餐，更是一餐顶三餐！

10.14.2 餐馆就餐点菜一二三

从营养学方面来说，餐馆点菜不是“面子工程”，并非点得越贵越好，而是搭配得好才算好。

首先考虑食物分类，我们常吃的食物分五类，而外出就餐时不用考虑食用油，所以就只有四类了，而水果往往是最后送果盘，因此，又可以少考虑一样了。为了点菜方便，我们可以把食物分成更细致的类别。

1）主食：包括米饭、面条、各种面点等。

2）红肉类：包括牛肉、羊肉、猪肉等。

3）禽肉类：包括鸭子（如烤鸭）、鸡肉（鸡翅、宫保鸡丁、小鸡炖蘑菇等）、鹌鹑、鸽子等。

4）海鲜类：包括鱼、虾、蟹、鱿鱼、海参等。

5）内脏类：包括卤猪小肠、肺片、卤肝等。

6）蔬菜类：包括叶菜（油麦菜、上海青等）、茎菜（芹菜等）、根菜（土豆、藕）、花椰菜（西兰花等）。

7）食用菌类：包括平菇、金针菇、香菇等。

8）其他：包括蛋类、汤类等。

在点菜的时候，我们只需要将菜谱按主要成分根据上述类别分类，然后一类里面点一个菜，就基本能保证营养均衡了。进食量尽可能控制，减少总的摄入量。

如果只是偶尔外出就餐，就不需要这么复杂，爱吃什么点什么，可以选择自家不常做的或不容易吃到的。平日在家时，根据“平衡膳食”的原则合理安排一日三餐即可。

10.14.3 餐馆就餐的安全问题

从安全角度来说，能不在餐馆就餐，就不在餐馆就餐！

首先，就目前的食品安全环境来说，我们无法相信餐馆的经营能力和自觉程度。虽然我们有监管部门，但中餐太复杂，十个餐馆能做出十种口味的鱼香肉丝，每个餐馆的拿手菜及其用料都不尽相同，而且也不易量化统一；今天有检查，今天注意按规矩办事，明天没检查，明天就按自己意愿办事，并非每家餐馆都会把消费者——名义上的上帝放在心上。

其次，餐馆的食材往往一次购入较多，有些食材往往是集中加工，例如卤肉。在集中加工的时候，如果原料中心温度不达标、加热时间不够长或者加工机械有故障，均可能造成杀菌不彻底，如果恰好有致病菌，就有可能引起消费者的食源性疾病。

最后，餐饮企业使用食品添加剂已经是无须讨论的事实。对食品加工企业来说，食品添加剂有严格规定，但餐饮企业如何规定？即使有了规定，也难实施。因为，中餐的制作工艺复杂，全凭厨师的经验和技术，如果厨师每做一道菜都要去称量食品添加剂的重量，估计都成一锅“糊”菜了。

10.14.4　餐馆就餐的注意事项

既然有时我们不得不在外就餐，那么就餐时需注意如下问题，以减少食源性疾病的发生。

首先就是选择有空调的餐馆。特别是在夏天，食品原料或加工的半成品在室温下很容易滋生细菌，连空调都不舍得安装的餐馆，加工间是否有必要的冷藏设备？是否能够按规定使用？是否按要求设计加工间？一句话总结就是：条件差的小餐馆慎入！

其次是尽量选择大餐馆。地沟油事件我想中国人都不会陌生，地沟油的流向大多是小餐馆，卫生监督部门的监管也往往盯着大餐馆。因此，在管理、食材来源、加工程序、厨师经验等方面，大餐馆具有优越性。

最后就是最好不要在路边摊就餐。

厨房是直接入口的食品的生产地，因而保证厨房的卫生，是减少食源性疾病的基本要求。厨房里与食品接触的各种用具的安全卫生，是食品安全卫生的保障。抹布、餐具、各种盛装食品的容器等，均是细菌滋生的地方，因而要重点关注。另外，食品原料安全也是把关食源性疾病的重要步骤，要注意食品标签、生产日期等重要信息，并适当储存。最后，合理的营养搭配，在预防食源性疾病的同时还能吃出健康。

结语

21 世纪以来，特别是我国加入 WTO 后，来自食品安全问题的挑战越来越严峻，一方面传统的食品安全问题继续存在，另一方面西方发达国家出现的一系列食品安全问题在我国也时有发生。生物性污染物所致的食源性疾病不断上升，在食品腐败变质等传统的食品卫生问题已基本解决的发达国家中，出现了疯牛病、O157: H7大肠埃希菌中毒、单核细胞增多性李斯特杆菌中毒、隐孢子虫中毒等；同时，一些传统的细菌性食物中毒又有上升的趋势，如沙门杆菌、空肠弯曲菌和肠出血性大肠埃希菌食物中毒等。造成生物性食源性疾病发生率提高的原因很多，主要包括食物中病原微生物发生改变、耐药菌株产生、传统的消毒方式失效、病原菌感染人类的机会增加；农田和农场耕作方式的改变、牧场集约化的畜禽饲养技术和新的食品生产方式可能导致出现新的病原微生物，一旦感染其范围就很广泛；饮食方式的改变，如嗜好生食、延长货架期、在外就餐机会增加等，均可提高与微生物相关的食源性疾病的发生率。

同时，新的化学性食物污染不断出现。继 1999 年比利时首先发现二噁英污染食品事件并引起世界范围恐慌之后，又相继发现了食品生产加工过程中产生的氯丙醇、丙烯酰胺等新的污染物。另外，由于食品新技术和新型食品的出现，给本已严峻的食品安全现状带来新的困扰。近年来，新技术和一些高尖端化工技术应用于食品的生产、加工，从而出现了许多新型食品，如转基因食品、发酵工程食品、辐照食品、微胶囊化食品、膜分离食品、超高压食品等。这些新技术可能带来新的食品卫生和安全的问题，但目前还不清楚，因此，食品卫生管理面临着前所未有的挑战。

目前食品安全的含义有以下三个层次：

第一，食品数量安全，即一个国家或地区能够生产民族基本生存所需的膳食需要，要求人们既能买得到又能买得起生存所需要的基本食品。

第二，食品质量安全，指提供的食品在营养、卫生方面满足和保障人群的健康需要。食品质量安全涉及食物的污染、是否有毒、添加剂是否违规超标、标签是否规范等问题，需要在食品受到污染之前采取措施，预防食品的污染及避免遭受主要危害因素侵袭。

第三，食品可持续安全，即从发展角度要求食品的获取需要注重生态环境的良好保护和资源利用的可持续。

可见，保障食品安全，需要从政治、经济、农业和供应等多个方面进行考虑。所以说，保障食品安全是一个系统工程，需要全社会的共同努力。政府应制订有效的食品安全规划，建立职责明确、分工协作、密切配合的管理体制，加大食品安全监管力度，大力发展绿色食品的生产和消费，全力保护公民的健康；企业要严格自律，守法经营，以诚信为本，保证生产的食品是安全的；消费者应增强食品安全意识和自我保护能力，在确保家庭饮食卫生、防止发生食源性疾病的同时，对不符合卫生要求的食品，应做到能够识别、拒绝消费、积极举报。这三方面的力量共同构筑了保证食品安全的屏障，也是国家食品安全规划的重要基础。

参考文献

[1] 孙长颢. 营养与食品卫生学 [M] . 7 版. 北京：人民卫生出版社，2012.

[2] 葛可佑. 中国营养科学全书 [M] . 北京：人民卫生出版社，2004.

[3] 孙长颢. 新型食品概论 [M] . 北京：北京大学医学出版社，2006.

[4] 赵晋府. 食品工艺学 [M] . 2 版. 北京：中国轻工业出版社，2005.

[5] 孙长颢. 营养与食品卫生学 [M] . 6 版. 北京：人民卫生出版社，2007.

[6] 任端平，潘思轶，何晖，等. 食品安全、食品卫生与食品质量概念辨析 [J] . 食品科学，2006，27：256 - 259.

后记

我国人口众多，危害食品安全的因素也是错综复杂，水源污染导致食源性疾病的事件时有发生；农牧业、种植养殖业的源头污染对食品安全的威胁也越来越严重；农药、兽药的滥用，使食物中农药、兽药的残留问题日益突出。此外，受我国经济发展水平不平衡的制约，一些食品生产企业的食品安全意识不强，食品生产过程中食品添加剂超标使用，以及污染物、重金属超标现象时有发生；还有不少不法生产经营者为牟取暴利，不顾消费者的安危，在食品生产经营中人为掺杂使假，严重危害了消费者的利益。

编者多年来一直在从事食品安全专业的科研教育工作，希望能够通过这本书，清晰而又生动地传播科学理念，使大家认识到食品安全应覆盖从农田到餐桌的整个食物链的所有环节，了解到转基因食品没有那么神秘可怕，食品添加剂也非避之不及的恶魔。我们如果知道了这些食品中的不安全因素及其来龙去脉，就能更有信心地去避免、处理和解决这些问题。事实上，广义的食品安全问题还应该包括由营养过剩或营养缺乏而导致的对人体健康的危害，现在很多慢性非传染性疾病，如糖尿病、高脂血症、高血压等，多是由于膳食不平衡引起的，所以在“厨房小贴士”这一部分，我们还特别介绍了“平衡膳食”。

需要说明的是，在编写本书过程中，我们参考借鉴了海内外出版物中大量的相关材料，包括互联网上的材料，在此表示深深的谢意。另外，由于学识所限，本书肯定还有很多不足及不尽之处，恳请广大读者批评指正。